MÁS QUE UN CARPINTERO

¿Por qué es que uno puede hablar acerca de Dios, y nadie se molesta, pero en cuanto se menciona a Jesús, la gente a menudo quiere detener la conversación? ¿Por qué a lo largo de los siglos ha dividido a tantos hombres y mujeres la pregunta:

¿Quién es Jesús?

JOSH McDOWELL

JOSH McDOWELL

MÁS QUE UN CARPINTERO

EDITORIAL
UNILIT

Sepa

Publicado por
Editorial Unilit,
Miami, Fl. 33172
Derechos reservados

© 2008 Editorial Unilit (Spanish translation)
Primera edición por Editorial Betania
Segunda edición por Editorial Unilit: 1997
Nueva edición revisada por Editorial Unilit: 2008

Título del original en inglés: **More Than a Carpenter**
Publicado por *Tyndale House Publishers, Inc.*
© 1997, 2004 por *Josh McDowell.* Todos los derechos reservados.
Traducción de la versión revisada: *Nancy Pineda*
Edición: *Dr. Andrés Carrodeguas*
Photografía de la portada: *Shutterstock.com*

A menos que se indique lo contrario, las citas bíblicas se tomaron de la Santa Biblia,
Nueva Versión Internacional. © 1999 por la Sociedad Bíblica Internacional.
Las citas bíblicas señaladas con LBD se tomaron de la Santa Biblia, *La Biblia al Día.*
© 1979 por la Sociedad Bíblica Internacional.
Las citas bíblicas señaladas con TLA se tomaron de la *Biblia para todos,* © 2003.
Traducción en lenguaje actual, © 2002 por las Sociedades Bíblicas Unidas.
Las citas bíblicas señaladas con DHH se tomaron de *Dios Habla* Hoy, la Biblia en
Versión Popular por la Sociedad Bíblica Americana, Nueva York. Texto ©
Sociedades Bíblicas Unidas 1966, 1970, 1979.
Las citas bíblicas señaladas con RV-60 se tomaron de la Santa Biblia,
Versión Reina Valera 1960. © 1960 por la Sociedad Bíblica en América Latina.
Las citas bíblicas señaladas con LBLA se tomaron de la Santa Biblia,
La Biblia de Las Américas. © 1986 por The Lockman Foundation.
Las citas bíblicas señaladas con RV-09 se tomaron de la Santa Biblia,
Versión Reina-Valera 1909, Sociedades Bíblicas Unidas.
Las citas bíblicas que aparecen en el apéndice se tomaron de la Santa Biblia, Versión
Reina Valera 1960. © 1960 por la Sociedad Bíblica en América Latina.

Producto: 496892
ISBN: 0-7899-1712-2
ISBN: 978-07899-1712-6
Impreso en Colombia / *Printed in Colombia*

Categoría: Teología/Teología y doctrina/Apologética
Category: Theology/Theology & Doctrine/Apologetics

A Dick y Charlotte Day, cuyas vidas siempre han reflejado que Jesús fue más que un Carpintero.

Contenido

CAPÍTULO 1

Mi historia

Tomás de Aquino escribió: «Dentro de cada alma existe la sed de ser feliz y tener una vida con sentido». En mi caso, comencé a sentir esta sed cuando era un adolescente. Deseaba ser feliz. Quería que mi vida tuviera sentido. Me acosaban esas tres preguntas básicas que obsesiona a cada ser humano: ¿Quién soy? ¿Por qué estoy aquí? ¿Adónde voy? Quería respuestas, así que, siendo aún un joven estudiante, comencé a buscarlas.

Donde me crié, todo el mundo parecía religioso, así que pensé que podría encontrar mis respuestas en la religiosidad. Entraba a la iglesia el ciento cincuenta por ciento de las veces. Iba cada vez que se abrían las puertas: mañana, tarde y noche. Sin embargo, debí haber escogido mal la iglesia porque me sentía peor dentro que fuera. De mi formación en una hacienda de Michigan heredé el sentido práctico del campesino, que dice que cuando algo no da resultado, hay que eliminarlo. Por lo tanto, descarté la religión.

Entonces pensé que la educación podría tener las respuestas a mi búsqueda de sentido, así que me matriculé en una universidad. Pronto me convertí en el estudiante más impopular entre los profesores. Los abordaba y detenía en sus oficinas y los acosaba en busca de respuestas a mis preguntas. Cuando me veían venir, apagaban las luces, bajaban las persianas y cerraban sus puertas. Uno puede aprender muchas cosas en la universidad, pero no encontraba las respuestas que estaba buscando. Los miembros de la facultad y mis compañeros de estudio tenían tantos problemas, frustraciones y preguntas sin respuestas como yo.

Un día en el campus vi un estudiante que vestía una camiseta con un letrero: «No me sigas. Estoy perdido». Así es como me parecía todo el mundo en la universidad. La educación, decidí, no era la respuesta.

Comencé a pensar que quizá encontraría felicidad y sentido en el prestigio. Descubriría una noble causa, me dedicaría a ella y, en el proceso, llegaría a ser bien conocido en el campus. Las personas con más prestigio en la universidad eran los líderes de los estudiantes, los que también controlaban el presupuesto. Así que tuve varios cargos siendo estudiante. Fue una embriagadora experiencia conocer a todos en el campus, tomar decisiones importantes, gastar el dinero de la universidad consiguiendo los oradores que quería y el dinero de los estudiantes para organizar fiestas.

Aun así, la emoción del prestigio desapareció como todo lo demás que intentaba. Me levantaba el lunes por la mañana, casi siempre con dolor de cabeza debido a la noche anterior, temiendo enfrentar otros cinco días más de desdicha. Soportaba de lunes a viernes, viviendo solo para las noches de fiesta de los viernes, sábados y domingos. Luego el lunes comenzaría de nuevo el ciclo carente de significado.

No quería revelar que mi vida no tenía sentido; era demasiado orgulloso para eso. Todo el mundo pensaba que era el hombre más feliz del campus. Nunca sospechaban que mi felicidad era una falsedad. Dependía de mis circunstancias. Si las cosas iban fantásticas para mí, me sentía fantástico. Cuando las cosas iban pésimas para mí, me sentía pésimo. Solo que no lo mostraba.

Era como un barco en alta mar, lanzado de un lado a otro por las olas. No tenía timón... ni dirección, ni control. Con todo, no podía encontrar nadie que viviera de una manera distinta. No podía encontrar nadie que me dijera cómo vivir de forma diferente. Estaba frustrado. No, era peor que eso. Existe un duro término que describe la vida que estaba viviendo: infierno.

Por aquel entonces, noté un pequeño grupo de personas, ocho estudiantes y dos miembros de la facultad, que parecían diferentes a los demás. Parecía que sabían quiénes eran y a dónde iban. Y tenían convicciones. Es estimulante encontrar personas con convicciones y me gustaba estar a su alrededor. Admiraba a las personas que creían en algo y adoptaban una postura al respecto, aun si no estaba de acuerdo con sus creencias.

Me resultaba evidente que esas personas tenían algo que no tenía yo. Eran terriblemente felices. Y su felicidad no dependía de los altibajos de las circunstancias de la vida universitaria; era constante. Parecían poseer una fuente interna de gozo y me preguntaba de dónde procedía.

En aquellas personas había algo distinto que captaba mi atención: sus actitudes y acciones de los unos hacia los otros. En verdad se amaban entre sí, y no solo entre sí, sino también a la gente fuera de su grupo. Y yo no entendía que solo hablasen sobre el amor; participaban en la vida de las personas, ayudándolas con sus necesidades y problemas. Era del todo extraño para mí, pero me atraía de manera poderosa.

Como casi todo el mundo, cuando veo algo que quiero pero no tengo, comienzo a tratar de ingeniármelas para obtenerlo. Así que decidí hacerme amigo de esas intrigantes personas.

Un par de semanas más tarde, me senté a la mesa, en la sede de la federación de estudiantes, para hablar con algunos de los miembros de este grupo. La conversación giró en torno a Dios. Era bastante escéptico e inseguro respecto a este tema, así que presenté mi mejor fachada. Me recosté en mi silla, actuando como si me importara un bledo. «Cristianismo, ¡ja!», fanfarroneé. «Eso es para los enclenques sin discernimiento, no para los intelectuales». Desde luego, debajo de toda la bravata quería en realidad lo que tenía esta gente, pero mi orgullo no quería que supieran la dolorosa urgencia de mi necesidad. El tema me molestaba, pero no podía dejarlo. Así que me volví a una de las estudiantes, una mujer bien parecida (solía pensar que todas las cristianas eran feas), y le pregunté:

—Dime, ¿por qué eres tan diferente a todos los otros estudiantes y profesores en este campus? ¿Qué cambió tu vida?

Sin dudarlo ni avergonzarse, me miró directo a los ojos, muy seria, y pronunció una palabra que jamás esperé escuchar en una discusión inteligente en un campus universitario:

—Jesucristo.

—¿Jesucristo? —estallé—. Por favor, no me hables de ese tipo de basuras. Estoy harto de religión. Estoy harto de la iglesia. Estoy harto de la Biblia.

—Yo no hablo de *religión* —respondió enseguida—, hablo de Jesucristo.

Señaló algo que nunca había sabido: El cristianismo no es una religión. La religión es el intento del ser humano por abrirse camino hasta Dios a través de buenas obras. El cristianismo es Dios que va a los hombres y a las mujeres por medio de Jesucristo.

No me tragué el anzuelo. Ni por un minuto. Desconcertado por el valor y la convicción de la joven, me disculpé por mi actitud.

—Pero es que estoy más que harto de la religión y de la gente religiosa —le expliqué—. No quiero tener nada que ver con ellos.

Luego mis nuevos amigos me lanzaron un reto que no podía creer. Me retaron a hacer un riguroso e intelectual examen de las afirmaciones de Jesucristo: que Él es el Hijo de Dios; que Él habitó en un cuerpo humano y vivió entre hombres y mujeres reales; que Él murió en la cruz por los pecados de la humanidad; que le enterraron y que resucitó tres días más tarde; y que Él todavía vive y puede cambiar la vida de una persona incluso hoy.

Aquel reto me pareció una broma. Cualquiera con un poco de sentido común sabía que el cristianismo se basaba en un mito. Razonaba que solo un tonto andante podía creer el mito de que

Cristo resucitó de los muertos. Estaba acostumbrado a esperar que hablaran los cristianos en clase, para poder vapulearlos después por todos lados. Opinaba que si un cristiano tenía al menos una célula cerebral, esa célula se moriría de soledad.

Sin embargo, acepté el reto de mis amigos, sobre todo por despecho para probarles que estaban equivocados. Estaba convencido de que la historia cristiana no soportaría las evidencias. Estaba estudiando preparatoria en la escuela de derecho, y sabía algo acerca de las evidencias. Investigaría a fondo las afirmaciones del cristianismo y regresaría y derribaría los apoyos debajo de su falsa religión.

Decidí comenzar con la Biblia. Sabía que si podía revelar la evidencia indisputable de que la Biblia es un documento poco confiable, todo el cristianismo se desmoronaría. Sin duda, los cristianos podían mostrarme que su propio libro dijo que Cristo nació de una virgen, que realizó milagros y que resucitó de los muertos. Con todo, ¿hasta qué punto era válido todo eso? Si podía demostrar que la Escritura era poco fiable desde el punto de vista histórico, podía demostrar que el cristianismo era una fantasía hecha por ilusos soñadores religiosos.

Tomé el reto en serio. Pasé meses de investigación. Incluso abandoné la escuela por un tiempo a fin de estudiar en las bibliotecas con mayor valor histórico de Europa. Y encontré evidencias. Evidencias en abundancia. Evidencias que no habría creído si no las hubiera visto con mis propios ojos. Al final, pude llegar a una sola conclusión: Si iba a seguir siendo sincero en lo intelectual, tenía que admitir que los documentos del Antiguo Testamento y del Nuevo eran los escritos más confiables de toda la antigüedad. Y si eran confiables, ¿qué decir de aquel hombre llamado Jesús, a quien había desechado como un simple carpintero de una apartada ciudad en un oprimido y pequeño país, un hombre que se había visto atrapado en sus propias visiones de grandeza?

Tenía que admitir que Jesucristo era más que un carpintero. Era todo lo que decía ser.

No solo mi investigación me ayudó a comenzar una nueva vida en lo intelectual, sino que también respondió las tres preguntas que puso en marcha mi búsqueda de la felicidad y el sentido de la vida. Sin embargo, como Paul Harvey dice: Eso es el «resto de la historia». En primer lugar, quiero contarle lo fundamental de lo que aprendí en mis meses de investigación a fin de que usted, también, pueda ver que el cristianismo no es un mito, ni la fantasía de soñadores ilusos, ni una jugada engañosa de los ingenuos. Es una verdad sólida como una roca. Y garantizo que cuando acepte esa verdad, estará a las puertas de encontrar las respuestas a estas tres preguntas: ¿Quién soy? ¿Para qué existo? ¿Cuál es mi destino?

CAPÍTULO 2

¿Qué hace a Jesús tan diferente?

Algún tiempo después de mis descubrimientos sobre la Biblia y el cristianismo, viajaba en un taxi en Londres y de casualidad le mencioné algo acerca de Jesús al chofer. De inmediato replicó: «No me gusta discutir de religión, en especial de Jesús». No pude dejar de notar la similitud de su reacción a la mía cuando una joven cristiana me contó que Jesucristo había cambiado su vida. Es el nombre de Jesús el que parece molestar a las personas. Les causa incomodidad, las enoja o hace que quieran cambiar de tema. Se puede hablar acerca de Dios y no siempre se alteran, pero si se menciona a Jesús, quieren interrumpir la conversación. ¿Por qué los nombres de Buda, Mahoma o Confucio no ofenden a las personas de la manera que lo hace el nombre de Jesús?

Considero que se debe a que esos otros líderes religiosos no afirmaron ser Dios. Esa es la gran diferencia entre Jesús y los demás. A las personas que conocían a Jesús no les llevó mucho tiempo darse cuenta de que aquel carpintero de Nazaret hacía asombrosas afirmaciones sobre sí mismo. Es evidente que esas declaraciones lo identificaban como más que un simple profeta o maestro. Era obvio que afirmaba ser divino. Se presentaba como el único camino a la salvación y la única fuente del perdón de los pecados, cosas que sabían que solo podía afirmar Dios.

Para muchas personas de hoy, el que Jesús afirmara ser el Hijo de Dios es algo demasiado exclusivista. En nuestra cultura pluralista, es demasiado restringido y huele a fanatismo religioso. No lo queremos creer. Sin embargo, el problema no es lo que queremos creer, sino más bien, ¿quién dice ser Jesús? ¿Es cierta su afirmación? Eso es lo que tenía la intención de encontrar cuando acepté el desafío de mis amigos de la universidad.

Comencé por explorar todo lo que podía acerca de los documentos del Nuevo Testamento, a fin de ver lo que podrían decirnos respecto a esta afirmación. Empecé a analizar la frase «la divinidad de Cristo» solo para ver lo que significaba con exactitud en la afirmación de que Jesucristo es Dios. Augustus H. Strong, ex presidente del Seminario Teológico de Rochester, en su *Teología Sistemática* define a Dios como el «el espíritu infinito y perfecto en quien todas las cosas tienen su fuente, apoyo y fin»[1]. Esta definición de Dios no es solo adecuada para los cristianos, sino también para todos los teístas, incluyendo a los musulmanes y los judíos. El teísmo enseña que Dios es personal y que Él planeó y creó el universo. Dios lo sustenta y gobierna en el presente. Sin embargo, el teísmo cristiano añade una nota adicional a la definición: Dios se llegó a encarnar como Jesús de Nazaret.

La palabra *Jesucristo* no es el nombre y el apellido; es en realidad un nombre y un título. El nombre Jesús se deriva de la forma griega del nombre *Yeshúa* o Josué, que significa «Jehová es salvación» o «el Señor salva». El título Cristo se derivó de la palabra griega para Mesías (o la hebrea *Mashîaj*, véase Daniel 9:26) y significa «ungido». Los dos oficios de rey y sacerdote están indicados en el título *Cristo*. El título confirma que Jesús es el Sacerdote y Rey prometido en las profecías del Antiguo Testamento. Esta afirmación es crucial para una adecuada comprensión acerca de Jesús y el cristianismo.

El Nuevo Testamento presenta con claridad a Cristo como Dios. La mayoría de los nombres aplicados a Cristo son de tal naturaleza que solo podrían emplearse como es debido en alguien que sea Dios. Por ejemplo, a Jesús se le llama Dios en la frase «mientras aguardamos la bendita esperanza, es decir, la gloriosa venida de nuestro gran Dios y

Salvador Jesucristo» (Tito 2:13; véanse también Juan 1:1; Romanos 9:5; Hebreos 1:8; 1 Juan 5:20-21). Las Escrituras le atribuyen características que solo pueden ser ciertas con respecto a Dios. Presentan a Jesús como un ser de existencia propia (véanse Juan 1:2; 8:58; 17:5; 17:24); omnipresente (véanse Mateo 18:20; 28:20); omnisciente (véanse Mateo 17:22-27; Juan 4:16-18; 6:64); omnipotente (véanse Mateo 8:26-27; Lucas 4:38-41; 7:14-15; 8:24-25; Apocalipsis 1:8); y que posee la vida eterna (véase 1 Juan 5:11-12, 20).

Jesús recibió la honra y la adoración que solo debe recibir Dios. En un enfrentamiento con Satanás, Jesús le dijo: «¡Vete, Satanás! [...] Porque escrito está: «Adora al Señor tu Dios y sírvele solamente a él» (Mateo 4:10). Sin embargo, Jesús recibió adoración como Dios (véanse Mateo 14:33; 28:9) y algunas veces hasta afirmó que era digno de adoración como Dios (véanse Juan 5:23; Hebreos 1:6; Apocalipsis 5:8-14). La mayoría de los primeros discípulos de Jesús eran judíos devotos que creían en un Dios verdadero. Eran monoteístas hasta la médula, pero como lo muestran los siguientes ejemplos, lo reconocieron como Dios encarnado.

Debido a su vasta preparación rabínica, el apóstol Pablo sería una persona improbable para atribuirle la divinidad a Jesús, adorar a un hombre de Nazaret y llamarle Señor. No obstante, esto fue con exactitud lo que hizo Pablo. Reconoció a Jesús como Dios cuando dijo: «Tengan cuidado de sí mismos y de todo el rebaño sobre el cual el Espíritu Santo los ha puesto como obispos para pastorear la iglesia de Dios, que él adquirió con su propia sangre» (Hechos 20:28).

Después que Jesús les preguntó a sus discípulos quién pensaba que era él, Simón Pedro confesó: «Tú eres el Cristo, el Hijo del Dios viviente» (Mateo 16:10). Jesús respondió a la confesión de Pedro, no para corregir la conclusión de aquel hombre, sino para reconocer su validez y su fuente: «Dios te ha bendecido, Simón, hijo de Jonás [...] porque esto no lo aprendiste de labios humanos. ¡Mi Padre celestial te lo reveló personalmente!» (Mateo 16:17, LBD).

Marta, amiga cercana de Jesús, le dijo: «Sí, Señor, yo creo que tú eres el Mesías, el Hijo de Dios» (Juan 11:27, TLA). Luego está el sincero Natanael, quien no creía que nada bueno podría salir de Nazaret. Le confesó a Jesús: «Maestro, ¡tú eres el Hijo de Dios, tú eres el Rey de Israel!» (Juan 1:49, DHH). «Mientras lo apedreaban, Esteban oró, diciendo: «Señor Jesús, recibe mi espíritu» (Hechos 7:59, DHH). El escritor del libro de los Hebreos llama Dios a Cristo cuando escribe: «Con respecto al Hijo dice: «Tu trono, oh Dios, permanece por los siglos de los siglos» (Hebreos 1:8).

Después, por supuesto, tenemos a Tomás, mejor conocido como «el incrédulo». (Quizá fuera un estudiante de posgrado). Dijo: «No creeré nada de lo que me dicen, hasta que vea las marcas de los clavos en sus manos y meta mi dedo en ellas, y ponga mi mano en la herida de su costado» (Juan 20:25, TLA). Me identifico con Tomás. Lo que decía era: «Mira, no todos los días alguien resucita de los muertos ni afirma ser Dios encarnado. Si esperas que crea, necesito pruebas». Ocho días más tarde, después que Tomas les expresara sus dudas acerca de Jesús a los demás discípulos, Él se les apareció de repente. «[Jesús] les dijo: Paz a vosotros. Luego dijo a Tomás: Pon aquí tu dedo, y mira mis manos; y acerca tu mano, y métela en mi costado; y no seas incrédulo, sino creyente» (Juan 20:26-27, RV-60). Jesús aceptó el reconocimiento de Tomás respecto a Él como Dios. Reprendió a Tomás por su incredulidad, no por su adoración.

En este momento, un crítico podría hacer la observación de que todas esas afirmaciones sobre Cristo son de otros, no de Cristo sobre sí mismo. Las personas que vivían en la época de Cristo lo malinterpretaban como lo malinterpretamos hoy a Él. Le atribuían la divinidad, pero Él mismo no lo afirmó en realidad.

Pues bien, cuando indagamos con mayor profundidad en las páginas del Nuevo Testamento, descubrimos que Cristo en realidad sí hizo esta afirmación. Las referencias son abundantes y su significado está claro. Un empresario que escudriñaba las Escrituras para verificar si Cristo decía ser Dios o no, declaró: «Cualquiera que lea el Nuevo Testamento y no llegue a la conclusión de que Jesús afirmó ser divino sería tan ciego como un hombre parado al aire libre en un día despejado, que dijera que no puede ver el sol».

En el Evangelio de Juan tenemos un enfrentamiento entre Jesús y un grupo de judíos. La ocasionó el hecho de que Jesús sanó a un inválido en el día de reposo. (A los judíos se les tenía prohibido hacer cualquier trabajo en el día de reposo). «Precisamente por esto los judíos perseguían a Jesús, pues hacía tales cosas en sábado. Pero Jesús les respondía: «Mi Padre aun hoy está trabajando, y yo también trabajo». Así que los judíos redoblaban sus esfuerzos para matarlo, pues no solo quebrantaba el sábado sino que incluso llamaba a Dios su propio Padre, con lo que él mismo se hacía igual a Dios» (Juan 5:16-18).

Quizá me diga: «Mire, Josh, no puedo ver cómo esto demuestre algo. Jesús dijo que Dios era su Padre. ¿Y qué? Todos los cristianos llaman Dios a su Padre, pero esto no significa que afirmen ser Dios». Los judíos de la época de Jesús escucharon en las palabras de Jesús un significado que se nos pierde con facilidad ahora. Siempre que estudiemos un documento, debemos tener en cuenta el idioma, la cultura y en especial la persona o personas a las que se les dirige el documento. En este caso, la cultura es judía, y los individuos a los que se les dirige son líderes religiosos judíos. Además, algo de lo que Jesús dijo, les molestó realmente. «Así que los judíos redoblaban sus esfuerzos para matarlo, pues no sólo quebrantaba el sábado sino que incluso llamaba a Dios su propio Padre, con lo que él mismo se hacía igual a Dios» (Juan 5:18). ¿Qué podría haber dicho que causó una reacción tan drástica? Analicemos el pasaje y veamos cómo hace más de dos mil años los judíos entendieron en su propia cultura las observaciones que hizo Jesús.

Su problema fue que Jesús dijo «*mi* Padre», no «*nuestro* Padre». Según las reglas de su idioma, el que Jesús usara esta frase equivalía a afirmar que era igual a Dios. Los judíos no se referían a Dios como «mi Padre». En caso de que lo hicieran, siempre distinguirían la declaración al añadir la palabra «celestial». Sin embargo, Jesús no añadió la palabra. Hizo una afirmación que los judíos no podrían malinterpretar cuando llamó a Dios «mi Padre».

Para empeorar las cosas, por la frase «Mi padre aun hoy está trabajando, y yo también trabajo», Jesús puso su propia actividad en un plano de igualdad con Dios. Una vez más los judíos entendieron que Él alegaba ser Hijo de Dios. Como resultado, se acrecentó su odio por Jesús. Hasta ese momento solo habían procurado perseguirlo, pero pronto comenzaron a planear para matarlo.

Jesús no solo afirmó su igualdad con Dios como Padre suyo, sino que también aseguró que era uno con el Padre. Durante la Fiesta de la Dedicación en Jerusalén, algunos de los demás líderes judíos se le acercaron a Jesús y le interrogaron acerca de si Él era el Cristo. Jesús concluyó con sus comentarios al decirles: «El Padre y yo somos uno» (Juan 10:30). «Una vez más los judíos tomaron piedras para arrojárselas, pero Jesús les dijo: «Yo les he mostrado muchas obras irreprochables que proceden del Padre. ¿Por cuál de ellas me quieren apedrear?» (Juan 10:31-32).

Uno podría preguntarse por qué los judíos reaccionaron de manera tan contundente a lo que Jesús dijo acerca de ser uno con el Padre. La estructura de la frase en el griego nos da una respuesta. A.T. Robertson, prominente experto en el griego de la época de Jesús, escribe que en griego la palabra *uno* en este pasaje es neutra, no masculina, y no indica uno en persona ni propósito, sino más bien en «esencia o naturaleza». Robertson luego añade: «Esta precisa declaración es el clímax de las afirmaciones de Cristo acerca de la relación entre el Padre y Él mismo [el Hijo]. Las mismas provocan la ira incontrolable en los fariseos»[2].

Es evidente que en esta declaración los judíos se dieron cuenta con claridad que Jesús afirmaba ser Dios. Por esto, Leon Morris, ex director del Ridley College, Melbourne, escribe que «los judíos solo podían considerar las palabras de Jesús como blasfemia, y procedieron a tomar la justicia en sus manos. La Ley establecía que la blasfemia se castigaba con lapidación (véase Levítico 24:16). Sin embargo, estos hombres no permitían que el debido proceso de la ley tomara su curso. No preparaban una formulación de cargos a fin de que las autoridades ejercieran la acción necesaria. En su furor, se preparaban para ser jueces y verdugos a la vez»[3].

Los judíos amenazaron a Jesús con apedrearlo por «blasfemia», lo cual nos dice que sin duda alguna comprendieron su afirmación de ser Dios. No obstante, quizá nos preguntemos: ¿Se detuvieron a considerar si era cierta o no esta afirmación?

Jesús decía sin cesar de sí mismo que era uno en esencia y naturaleza con Dios. De manera osada declaró: «Si supieran quién soy yo, sabrían también quién es mi Padre» (Juan 8:19). «El que me aborrece a mí, también aborrece a mi Padre» (Juan 15:23). «Que todos honren al Hijo como honran al Padre. El que no honra al Hijo, no honra al Padre que le envió» (Juan 5:23, RV-60). De seguro, estas referencias indican que Jesús se veía como más que un simple hombre; afirmaba ser igual a Dios. Los que dicen que Jesús solo estaba más cerca o en más intimidad con Dios que otros necesitan considerar su declaración: «El que no honra al Hijo, no honra al Padre que le envió».

Mientras daba una conferencia en una clase de literatura en una universidad de Virgina Occidental, un profesor me interrumpió y dijo que el único Evangelio en el que Jesús afirmó ser Dios era el Evangelio de Juan, y fue el último que se escribió. Después declaró que Marcos, el primer Evangelio, nunca mencionó ni una vez que Jesús afirmara ser Dios. A decir verdad, este hombre no había leído Marcos con detenimiento.

En respuesta, me dirigí al Evangelio de Marcos a un pasaje en el que Jesús afirmaba ser capaz de perdonar pecados. «Al ver Jesús la fe de ellos, le dijo al paralítico: «Hijo, tus pecados quedan perdonados» (Marcos 2:5; véase también

Lucas 7:48-50). De acuerdo con la teología judía, solo Dios podía decir una cosa semejante; Isaías 43:25 limita el perdón de pecado a la sola prerrogativa de Dios. Cuando los escribas escucharon a Jesús perdonando los pecados del hombre, se preguntaron: «¿Por qué habla este así? ¡Está blasfemando! ¿Quién puede perdonar pecados sino solo Dios?» (Marcos 2:7). Entonces Jesús les preguntó: «¿Qué es más fácil, decirle al paralítico: «Tus pecados son perdonados», o decirle: «Levántate, toma tu camilla y anda?».

Según el comentario bíblico Wycliffe, esto es «una pregunta irrefutable. Ambas declaraciones son fáciles de decir, pero para decir una cualquiera de ellas, y después acompañarla con la actuación, hace falta el poder divino. Un impostor, por supuesto, al tratar de evitar la detección, encontraría más fácil la anterior. Jesús procedió a sanar la enfermedad de modo que los hombres pudieran saber que tenía la autoridad para lidiar con su causa»[4]. Entonces, los líderes religiosos lo acusaron de blasfemia. Lewis Sperry Chafer, fundador y primer presidente del Seminario Teológico de Dallas, escribe que «nadie sobre la tierra tiene autoridad ni derecho de perdonar pecados. Nadie puede perdonar pecados, salvo el Único contra el cual hemos pecado todos. Cuando Cristo perdonó el pecado, como de seguro lo hizo, Él no ejercía una prerrogativa humana. Dado que nadie fuera de Dios puede perdonar pecados, demuestra de manera concluyente que Cristo, puesto que perdonó pecados, es Dios»[5].

Este concepto del perdón me molestaba hace ya bastante tiempo porque no lo comprendía. Un día en una clase de filosofía, respondiendo una pregunta acerca de la divinidad de Cristo, cité Marcos 2:5. Un profesor ayudante desafió mi conclusión de que el perdón de pecados de Cristo prueba su divinidad. Dijo que podía perdonar a la gente sin demostrar pretensión alguna de ser Dios. La gente lo hace a cada momento. Mientras meditaba en lo que decía el hombre, la respuesta me hizo detener de repente. Supe por qué los líderes religiosos reaccionaron de manera tan enérgica contra Cristo. Sí, podemos decir: «Te perdono», pero solo si esa persona es la que ha pecado en nuestra contra. Si usted peca contra mí, tengo el derecho de perdonarle. No obstante, si su pecado es contra otra persona, no tengo ese derecho. El paralítico no había pecado contra el hombre Jesús; los dos hombres no se habían visto nunca antes el uno al otro. El paralítico había pecado contra Dios. Entonces vino Jesús, que bajo su propia autoridad dijo: «Tus pecados son perdonados». Sí, podemos perdonar los pecados cometidos contra nosotros, pero de ninguna manera puede nadie perdonar los pecados cometidos contra Dios, sino solo el mismo Dios. Sin embargo, eso es lo que Jesús aseguraba hacer.

No es de sorprenderse que los judíos reaccionaran de manera tan violenta cuando un carpintero de Nazaret hacía tan osada afirmación. Esta declaración de que podía perdonar los pecados era un sorprendente ejercicio de una prerrogativa que solo pertenece a Dios.

Otra situación en la que Jesús afirmó ser el Hijo de Dios fue en su juicio (véase Marcos 14:60-64). Ese proceso judicial contiene algunas de las más transparentes referencias en cuanto a las afirmaciones de Jesús sobre su divinidad. «Entonces el sumo sacerdote, levantándose en medio, preguntó a Jesús, diciendo: ¿No respondes nada? ¿Qué testifican estos contra ti? Mas él callaba, y nada respondía. El sumo sacerdote le volvió a preguntar, y le dijo: ¿Eres tú el Cristo, el Hijo del Bendito? Y Jesús le dijo: Yo soy; y veréis al Hijo del Hombre sentado a la diestra del poder de Dios, y viniendo en las nubes del cielo» (Marcos 14:60-62, RV-60).

Al principio, Jesús no respondía, así que el sumo sacerdote lo puso bajo juramento. Debido a que Jesús estaba bajo juramento, tenía que responder (y me alegra que lo hiciera). Respondió a la pregunta: «¿Eres tú el Cristo [Mesías], el Hijo del Bendito?, diciendo: «Yo soy».

Un análisis del testimonio de Cristo muestra que Él afirmó ser: (1) el Hijo del Bendito; (2) el que se sentaría a la derecha del poder; y (3) el Hijo del Hombre, que vendría en las nubes del cielo. Cada una de esas afirmaciones es inconfundiblemente mesiánica. Es significativo el efecto acumulativo de las tres. El sanedrín, el tribunal judío, captó los tres puntos, y el sumo sacerdote respondió rasgándose las vestiduras: «¿Para qué necesitamos más testigos?» (Marcos 14:63). Al fin lo habían escuchado de los labios del propio Jesús. Lo condenaron por sus propias palabras.

Sir Robert Anderson, quien una vez fuera jefe de investigación criminal en Scotland Yard, señala: «Ninguna evidencia confirmatoria es más convincente que la de testigos hostiles, y el hecho de que el Señor estaba proclamando su divinidad queda establecido de manera irrefutable por la actuación de sus enemigos. Debemos recordar que los judíos no eran una tribu de salvajes ignorantes, sino unas personas muy cultas y religiosas en extremo; y fue sobre este mismo cargo que, sin una voz discrepante, decretara su muerte el sanedrín, su gran concilio nacional, compuesto por los más eminentes líderes religiosos, incluyendo hombres de la talla de Gamaliel, el gran filósofo judío del siglo primero y su famoso alumno, Saulo de Tarso»[6].

Está claro, entonces, que este es el testimonio que Jesús quería revelar de sí mismo. También vemos que los judíos entendieron que su respuesta fue su afirmación de ser Dios. En este punto enfrentaban dos alternativas: que su respuesta consistió en afirmar que Él es Dios. Sus jueces vieron la cuestión con claridad, de manera tan clara, en realidad, que lo crucificaron y luego lo vituperaron porque «Él confía en Dios [...] ¿Acaso no dijo: «Yo soy el Hijo de Dios» (Mateo 27:43).

H.B. Swete, ex profesor real de divinidades en la Universidad de Cambridge, explica lo que significa que el sumo sacerdote se rasgara las vestiduras: «La ley le prohíbe al sumo sacerdote rasgarse sus vestiduras por problemas privados (Levítico 10:6; 21:10), pero cuando actuaba como juez, por tradición se le exigía expresar de esta manera su horror por cualquier blasfemia pronunciada en su presencia. El desahogo de aquel avergonzado juez es manifiesto. Si no aparecían evidencias dignas de crédito, su necesidad había quedado superada: el Prisionero se había incriminado a sí mismo»[7].

Comenzamos a ver que este no era un juicio común. Como abogado, Irwin Linton señala: «Entre los juicios criminales, este es único, donde el asunto no radica en las acciones, sino en la identidad del acusado. La acusación criminal formulada contra Cristo, la confesión o testimonios o, más bien, su actuación en presencia del tribunal, a base de la cual fue declarado culpable, el interrogatorio por el gobernador romano y la inscripción y la proclamación sobre su cruz en el momento de la ejecución, todo está relacionado con el importante factor de la dignidad y la identidad real de Cristo. «¿Qué piensan ustedes acerca del Cristo? ¿De quién es hijo?»[8].

El juez del Tribunal Supremo de Nueva York William Jay Gaynor, en su discurso sobre el juicio de Jesús, adopta la posición de que la blasfemia era uno de los cargos hechos en su contra ante el sanedrín. En referencia a Juan 10:33, dice: «Está claro, a partir de cada una de las narraciones de los Evangelios, que el presunto delito por el cual se juzgó y condenó a Jesús fue el de blasfemia [...] Jesús afirmaba de manera categórica su poder sobrenatural, que en un ser humano era blasfemia»[9].

En la mayoría de los procesos judiciales al acusado se le enjuiciaba por lo que había hecho, pero este no era el caso en el juicio de Jesús. A Él lo enjuiciaron por lo que *afirmaba ser*.

El juicio de Jesús debería ser suficiente para demostrar de manera convincente que Él confesó su divinidad. Sus jueces dan fe de esa afirmación. Además, en el día de la crucifixión de Cristo, sus enemigos reconocieron que Él afirmaba ser Dios venido en la carne. «De igual manera, también los principales sacerdotes, junto con los escribas y los ancianos, burlándose de Él, decían: A otros salvó; a sí mismo no puede salvarse. Rey de Israel es; que baje ahora de la cruz, y creeremos en Él. En Dios confía; que le libre ahora si Él le quiere; porque ha dicho: «Yo soy el Hijo de Dios» (Mateo 27:41-43, LBLA).

CAPÍTULO 3

¿Señor, mentiroso o lunático?

Muchas personas no desean considerar a Jesús como Dios, sino como un hombre bueno y moral o como un profeta excepcionalmente sabio que dijo muchas verdades profundas. Los eruditos a menudo hacen creer esa conclusión como la única aceptable a la que puede llegar una persona mediante el proceso intelectual. Muchos solo asienten con la cabeza en conformidad y jamás se molestan en ver la falacia de tal razonamiento.

Jesús afirmaba ser Dios, y para Él era de fundamental importancia que los seres humanos creyeran que Él era quien era. O bien creemos en Él o no creemos. Él no nos dejó ninguna flexibilidad de opciones en medio, ni alternativas moderadas. Alguien que afirmara lo que Jesús afirmaba sobre sí mismo, no podía ser un buen hombre moral, ni un profeta. No tenemos esa opción, y Jesús nunca pretendió que la tuviéramos.

C.S. Lewis, ex profesor de la Universidad de Cambridge y alguna vez agnóstico, comprendió este asunto con claridad. Escribe: «Estamos tratando aquí de evitar que alguien diga la mayor de las tonterías que a menudo se han dicho en cuanto a Él: «Estoy dispuesto a aceptar a Jesús como un gran maestro de moral, pero no acepto su afirmación de que era Dios». Esto es algo que no deberíamos decir. El hombre que sin ser más que hombre haya dicho la clase de cosas que dijo Jesús, no es un gran moralista. O bien sería un lunático –al mismo nivel que alguien que proclamara ser un huevo duro– o bien sería el mismo diablo del infierno. Es necesario que usted decida. O bien este hombre era, y es el Hijo de Dios; o era un loco o algo peor».

Después Lewis añade: «Escarnécele como a un insensato, escúpelo y mátalo como a un demonio; o cae a sus pies y proclámalo como Señor y Dios. Pero no asumamos la actitud condescendiente de decir que fue un gran maestro de la humanidad. Él no nos proporciona campo para tal actitud. No fue eso lo que Él intentó»[1].

F.J.A. Hort, profesor de la Universidad de Cambridge, quien pasó veintiocho años en un importante estudio del texto del Nuevo Testamento, escribe: «Las palabras [de Cristo] eran partes y expresiones tan completas de sí mismo, que no tenían ningún significado como declaraciones abstractas de la verdad pronunciadas por Él como un oráculo divino o profeta. Eliminémoslo como el sujeto principal (aunque no final) de todas sus declaraciones, y todas ellas quedarán hechas añicos»[2].

Según las palabras de Kenneth Scott Latourette, historiador del cristianismo en la Universidad de Yale: «No son sus enseñanzas lo que hacen a Jesús tan notable, aunque eso sería suficiente para darle distinción. Es una combinación de las enseñanzas con el hombre mismo. No se pueden separar». Latourette concluye: «Debe ser obvio para cualquier lector atento de las narraciones del Evangelio que Jesús se consideró a sí mismo y a su mensaje como inseparables. Fue un gran maestro, pero fue más que eso. Sus enseñanzas acerca del reino de Dios, de la conducta humana y de Dios fueron importantes, pero no se podían divorciar de Él, desde su punto de vista, sin que se adulteraran»[3].

Jesús afirmó ser Dios. Su declaración debe ser cierta o falsa, y todo el mundo debe darle el mismo tipo de consideración que Él esperaba de sus discípulos cuando les preguntó: «Y ustedes, ¿quién dicen que soy yo?» (Mateo 16:15). Existen varias alternativas.

Pensemos en primer lugar que su afirmación de ser Dios era falsa. Si era falsa, solo tenemos dos alternativas. O bien Él sabía que era falsa, o no sabía que era falsa. Examinemos cada una de las posibilidades por separado y veamos las evidencias a favor de ellas.

¿Fue Jesús un mentiroso?

Si cuando Jesús hizo sus afirmaciones sabía que no era Dios, mentía y engañaba a sabiendas a sus seguidores. Entonces, si era un mentiroso, era también un hipócrita porque les enseñaba a los demás a ser sinceros a cualquier precio. Peor que eso, si estaba mintiendo, era un demonio, porque les decía a los demás que pusieran en sus manos su destino eterno. Si no podía respaldar sus afirmaciones y lo sabía, era malvado hasta el extremo, por engañar a sus seguidores con semejante esperanza falsa. Por último, también sería un tonto porque sus afirmaciones de ser Dios le conducirían a su crucifixión... afirmaciones de las que se habría podido retractar a fin de salvarse incluso en el último minuto.

Me asombra escuchar a muchísimas personas decir que Jesús era solo un buen maestro de moral. Seamos realistas. ¿Cómo podría ser un gran maestro de moral y confundir adrede a las personas en el punto más importante de su enseñanza, su propia identidad?

La conclusión de que Jesús era un hombre deliberadamente mentiroso no coincide con lo que sabemos de Él ni con los resultados de su vida y enseñanzas. Siempre que se proclama a Jesús, vemos vidas cambiadas para bien, naciones mejoradas, ladrones convertidos en personas honradas, alcohólicos que se vuelven sobrios, personas llenas de odio que se convierten en canales de amor y personas injustas que se vuelven justas.

William Lecky, uno de los más notables historiadores de Gran Bretaña y un aguerrido oponente del cristianismo organizado, vio el efecto del verdadero cristianismo en el mundo. Escribe: «Al cristianismo se le reservó el presentar al mundo un ideal que a través de todos los cambios de dieciocho siglos ha inspirado a los corazones de los hombres con un apasionado amor; se ha mostrado capaz de actuar en todas las edades, las naciones, los temperamentos y las condiciones; no solo ha sido el más alto modelo de virtud, sino el mayor incentivo para su práctica [...] La simple evidencia de estos tres breves años de vida activa ha hecho más para regenerar y suavizar a la humanidad que todos los debates de los filósofos y todas las exhortaciones de los moralistas»[4].

El historiador Philip Schaff dice: «Si este testimonio [que Jesús era Dios] no es cierto, debe ser una categórica blasfemia o locura [...] El autoengaño en un asunto tan trascendental, y con un intelecto tan claro y tan acertado en todos los sentidos, está asimismo fuera de toda duda. ¿Cómo podría ser un exaltado o un lunático quien nunca perdió siquiera la estabilidad de su mente, quien navegó con serenidad por encima de todos los problemas y persecuciones, como el sol sobre las nubes, quien siempre daba las respuestas más sabias a las preguntas tentadoras, quien con calma y a propósito predijo su muerte en la cruz, su resurrección al tercer día, el derramamiento del Espíritu Santo, la fundación de su Iglesia, la destrucción de Jerusalén, predicciones que se cumplieron de manera literal? Un carácter tan original, tan completo, tan coherente y sin variación, tan perfecto, tan humano y tan alto por encima de toda la grandeza humana, tampoco puede ser un fraude ni una ficción. El poeta, como bien se ha dicho, sería en este caso mayor que el héroe. Se necesitaría más de un Jesús para inventar un Jesús»[5].

En otra parte, Schaff da un convincente argumento en contra de que Cristo fuera un mentiroso: «¿Cómo en el nombre de la lógica, el sentido común y la experiencia, podría un impostor, que es un hombre engañoso, egoísta y depravado, haber inventado y mantenido de manera coherente, desde el principio al fin, el más puro y noble carácter conocido en la historia con la más perfecta apariencia de verdad y de realidad? ¿Cómo podía haber concebido y realizado un plan incomparable de benevolencia, de magnitud moral y sublimidad, y sacrificado su propia vida por esto, ante los más fuertes prejuicios de su pueblo y época?»[6].

Si Jesús quería lograr que la gente lo siguiera y creyera en Él como Dios, ¿por qué fue a la nación judía? ¿Por qué fue como carpintero común y corriente de una mediocre aldea en un país tan pequeño en tamaño y población? ¿Por qué fue a un país tan identificado por completo con el concepto de un solo Dios? ¿Por qué no fue a Egipto, o incluso a Grecia, donde ya creían en varios dioses y sus diversas manifestaciones?

Alguien que vivió como vivió Jesús, enseñó como enseñó Jesús y murió como murió Jesús no podía haber sido un mentiroso. Consideremos otras alternativas.

¿Fue Jesús un lunático?

Si encontramos inconcebible que Jesús fuera un mentiroso, en realidad, ¿no habría podido pensar por error que era Dios? Al fin y al cabo, es posible ser sincero y estar equivocado. No obstante, debemos recordar que si alguien se cree Dios por error, sobre todo en el contexto de una cultura monoteísta hasta la médula, y luego les dice a los demás que su destino eterno dependía de creerle a Él, no se trata de un simple vuelo de la fantasía, sino de los engaños y delirios de un lunático perdido. ¿Es posible que Jesucristo estuviera loco?

En la actualidad, trataríamos a alguien que se cree Dios de la misma manera que trataríamos a alguien que se cree Napoleón. Le veríamos como engañado y alguien que se engaña a sí mismo. Sin embargo, en Jesús no observamos las anormalidades ni los desequilibrios que acompañan tal trastorno mental. Si era demente, su aplomo y compostura fueron realmente asombrosos.

Los eminentes y pioneros psiquiatras Arthur Noyes y Lawrence Kolb, en su libro de texto *Psiquiatría Clínica Moderna*, describen al esquizofrénico como una persona que es más autista que realista. El esquizofrénico desea escapar del mundo de la realidad. Reconozcámoslo: que un simple hombre se proclame Dios, sería ciertamente un apartarse de la realidad.

A la luz de otras cosas que sabemos de Jesús, es difícil de imaginar que Él fuera un enfermo mental. Aquí tiene a un hombre que habló algunas de las palabras más profundas que se registraran jamás. Sus instrucciones han liberado a muchas personas de las ataduras mentales. Clark H. Pinnock, profesor de teología sistemática en *McMaster Divinity College*, pregunta: «¿Estaba engañado respecto a su grandeza, era un paranoico, un estafador involuntario, un esquizofrénico? De nuevo, la habilidad y la profundidad de sus enseñanzas solo sirven de apoyo a la idea de que su salud mental era total. ¡Si todos estuviéramos tan cuerdos como Él!»[7]. Un estudiante de una universidad de California me contó que su profesor de psicología dijo en clase que «todo lo que hace es tomar la Biblia y leerles pasajes de la enseñanza de Cristo a sus pacientes. Esa es toda la consejería que necesitan».

El psicólogo Gary R. Collins explica que Jesús «era cariñoso pero no dejaba que su compasión lo paralizara; no tenía un ego envanecido, aunque a menudo estaba rodeado de multitudes que lo adoraban; mantenía el equilibrio a pesar de su estilo de vida que por momentos era exigente; siempre sabía qué era lo que estaba haciendo y dónde se dirigía; se preocupaba profundamente por las personas, incluso por las mujeres y los niños, quienes en ese entonces no eran considerados como importantes; fue capaz de aceptar a las personas sin pestañear siquiera ante su pecado; respondía a los individuos según dónde se encontraban y qué necesitaban en particular [...] En resumen, no veo indicios de que Jesús sufriera alguna enfermedad mental conocida [...] Estaba más cuerdo que cualquier otra persona que conozco, ¡incluyéndome a mí!»[8].

El psiquiatra J.T. Fisher consideraba que las enseñanzas de Jesús eran profundas. Declara: «Si fuera a tomar la suma total de todos los artículos auténticos escritos jamás por la mayoría calificada de psicólogos y psiquiatras sobre el tema de higiene mental, si fuera a combinarlos, perfeccionarlos y separar el exceso de palabrería, si fuera a tomar toda la esencia y la apartara de lo superfluo, y si fuera a tener esos fragmentos de conocimiento científico puro expresados de manera concisa por los poetas vivos más competentes, tendría un torpe e incompleto resumen del Sermón del Monte. Y ese resumen sufriría de manera incalculable al hacer la comparación. Durante casi dos mil años el mundo cristiano ha tenido en sus manos la respuesta completa a sus inquietos e infructuosos anhelos. Aquí [...] yace el diseño para la vida humana de éxito mediante el optimismo, la salud mental y el contentamiento»[9].

C.S. Lewis escribe: «La dificultad histórica de darles a la vida, las palabras y la influencia de Jesús algún tipo de explicación que no sea más difícil de aceptar que la explicación cristiana, es muy grande. La discrepancia entre la profundidad y la cordura [...] de la enseñanza moral de Jesús y la desenfrenada megalomanía que se escondería tras sus enseñanzas teológicas a menos que Él fuera Dios realmente, nunca ha sido explicada de manera satisfactoria. Por lo tanto, las hipótesis no cristianas tienen un éxito tras otro mediante la inquieta fertilidad del desconcierto»[10].

Philip Schaff razona: «¿Es semejante intelecto (claro como el cielo, vigorizante como el aire de la montaña, fuerte y penetrante como una espada, sano y vigoroso por completo, siempre listo y siempre con dominio propio) propenso a un engaño radical y sumamente grave acerca de su propio carácter y misión? ¡Descabellada imaginación!»[11].

¿Fue Jesús Señor?

En lo personal, no puedo llegar a la conclusión de que Jesús fuera un mentiroso ni un lunático. La única otra alternativa es que fue, y es, el Cristo, el Hijo de Dios, como lo afirmó Él. Sin embargo, a pesar de la lógica y las evidencias, parece que muchas personas no logran llegar a esta conclusión.

Cuando analizo el material de este capítulo con muchos judíos, su respuesta es bastante interesante. Les hablo de las afirmaciones que hizo Jesús acerca de sí mismo y luego les doy las opciones: ¿Posee Él los tres títulos (mentiroso, lunático o Señor)? Cuando les pregunto si creen que Jesús fue un mentiroso, me dan un tajante «¡No!». Luego les pregunto: «¿Creen que fue un

lunático?». Su respuesta es: «Desde luego que no».
¿Creen que Él es Dios? Antes de que pueda decir
algo de pasada, escucho un rotundo: «¡De ninguna manera!» Sin embargo, no nos quedan más
opciones.

El asunto con estas tres alternativas no está en
que no sean posibles, pues es obvio que las tres
son posibles. Más bien la cuestión es: «¿Cuál es la
más probable?». Uno no lo puede echar a un lado
como si solo fuera un gran maestro de moral. Esta
no es una opción válida. Nuestra decisión acerca
de Jesús debe ser más que un pasivo ejercicio intelectual. Como escribiera el apóstol Juan: «Estas se han
escrito para que ustedes crean que Jesús es el Cristo,
el Hijo de Dios, y para que al creer en su nombre
tengan vida» (Juan 20:31).

Sin duda alguna, las evidencias están a favor
de que Jesús es el Señor.

CAPÍTULO 4

¿Qué me dice de la ciencia?

Muchas personas intentan posponer su compromiso personal con Cristo dando por sentado que si uno no puede probar algo de manera científica, no es cierto en consecuencia. Debido a que uno no puede probar de manera científica la divinidad de Jesús ni su resurrección, las personas muy estudiosas y experimentadas del siglo veintiuno no deberían aceptarlo como Salvador.

A menudo, en una clase de filosofía o historia alguien me encara con el desafío: «¿Puede probarlo de manera científica?». Por lo general, digo: «Bueno, no, no soy científico». Luego escucho al grupo reír entre dientes y varias voces diciendo cosas como: «Entonces que no me hable de eso», o: «Mira, debes aceptarlo todo por fe» (es decir, fe ciega).

En cierta ocasión en un vuelo a Boston estuve hablando con el pasajero junto a mí acerca de por qué creía en lo personal que Cristo es el que decía ser. El piloto, haciendo sus rondas de relaciones públicas y saludando a los pasajeros, escuchó de pasada parte de nuestra conversación.

—Usted tiene problemas con su creencia —dijo.

—¿A qué se refiere? —le pregunté.

—No puede probarla de manera científica —respondió.

Estoy asombrado de la falta de lógica a la que ha descendido el pensamiento moderno. Este piloto es como muchísimas personas de este siglo que sostienen la opinión de que si uno no puede probar una cosa con la ciencia, no puede ser cierta. Todos aceptamos como verdad muchos hechos que no están verificados por métodos científicos. No podemos probar de manera científica nada acerca de alguna persona o hecho en la historia, pero eso no significa que sea imposible esa prueba. Debemos comprender la diferencia entre la prueba científica y lo que llamo prueba histórico-legal. Se lo explicaré.

La *prueba científica* se basa en demostrar que algo es un hecho mediante la repetición del mismo en presencia de la persona que lo cuestiona. Se realiza en un medio controlado donde se pueden hacer observaciones, sacar datos y verificar las hipótesis de manera empírica.

El «método científico, sin embargo, es definido, está relacionado con la evaluación del fenómeno y la experimentación o repetición de la observación»[1]. El Dr. James B. Conant, ex presidente de Harvard, escribe: «La ciencia es una serie de conceptos y esquemas conceptuales interconectados que se han desarrollado como resultado de la experimentación y la observación, y es provechosa para más experimentación y observaciones»[2].

La comprobación de la verdad de una hipótesis mediante el uso de experimentos controlados es una de las técnicas clave del método científico moderno. Por ejemplo, alguien dice que el jabón marca *Ivory* no flota. Yo afirmo que flota, así que pruebo mi hipótesis: llevo al incrédulo a la cocina, pongo veinte centímetros de agua en el fregadero a veintiocho grados Celsius y dejo caer el jabón. ¡Pumba! Hacemos observaciones, sacamos datos y verificamos mi hipótesis de manera empírica: El jabón flota.

Si el método científico fuera el único método que tuviéramos para probar los hechos, uno no podría probar que vimos la televisión anoche ni que almorzamos hoy. No hay manera en que uno logre repetir esos hechos en una situación controlada.

El otro método de prueba, el *histórico-legal*, se basa en demostrar que algo es un hecho más allá de una duda razonable. En otras palabras, llegamos a un veredicto por el peso de la evidencia y no tenemos una base racional para dudar de la decisión. La prueba histórico-legal depende de tres clases de testimonios: orales, escritos y de pruebas tangibles (tales como un arma, una bala, un cuaderno). Usando el método histórico-legal para determinar los hechos, se podría probar más allá de toda duda razonable que usted fue hoy a almorzar. Sus amigos lo vieron allí, el camarero lo vio y usted tiene el recibo del restaurante.

El método científico solo se puede usar para probar cosas repetibles. No es adecuado para probar ni desaprobar asuntos acerca de personas o hechos en la historia. El método científico no es apropiado para responder preguntas tales como: «¿George Washington vivió? ¿Fue Martin Luther King, hijo, un líder de los derechos civiles? ¿Quién fue Jesús de Nazaret? ¿Posee Barry Bond el récord en jonrones en una sola temporada? ¿Resucitó Jesucristo de los muertos? Esas preguntas están fuera del campo de la prueba científica y debemos colocarlas en el campo de la prueba histórico-legal. En otras palabras, el método científico, el cual está basado en la observación, el acopio de información, la creación de hipótesis, la deducción y la verificación experimental a fin de encontrar y explicar regularidades empíricas en naturaleza, no puede revelar las respuestas finales a preguntas tales como: ¿Puede probar la resurrección? ¿Puede probar que Jesús es el Hijo de Dios? Para tales preguntas solo da resultado el método histórico-legal. Entonces, la pregunta principal llega a ser esta: ¿Podemos confiar en la veracidad de los testimonios y las evidencias?

Una cosa de la fe cristiana que me llama la atención en especial es que no es una creencia ciega ni ignorante, sino más bien basada en una sólida inteligencia. Cada vez que leemos que a un personaje bíblico se le pedía que ejercitara la fe, vemos que es una fe inteligente. Jesús dijo: «Conocerán la verdad» (Juan 8:32); no lo olvide. A Cristo se le preguntó: «Maestro, ¿cuál es el mandamiento más importante de la ley?». Jesús respondió: «Ama al Señor tu Dios con todo tu corazón, con todo tu ser y con toda tu mente» (Mateo 22:36-37). El problema con muchas personas está en que parece que solo aman a Dios con el corazón. Los hechos acerca de Cristo nunca llegan a su mente. El Espíritu Santo nos ha dado una mente para conocer a Dios, así como un corazón para amarlo y una voluntad para escogerlo. Necesitamos actuar en estas tres esferas a fin de tener una relación plena con Dios y glorificarlo. No sé cuál es su caso, pero mi corazón no puede regocijarse con lo que ha rechazado mi mente. Mi corazón y mi mente se crearon para que trabajaran juntos en armonía. A nadie nunca le han llamado a cometer un suicidio intelectual por confiar en Cristo como Salvador y Señor.

En los próximos cuatro capítulos daremos un vistazo a las evidencias a favor de la confiabilidad de los documentos escritos, así como la credibilidad del testimonio oral y los relatos de los testigos oculares de Jesús.

CAPÍTULO 5

¿Son confiables los documentos bíblicos?

El Nuevo Testamento ofrece la principal fuente histórica para la información acerca de Jesús. Debido a esto, en los dos siglos pasados muchos críticos atacaron la confiabilidad de los documentos bíblicos. Al parecer, existe un constante bombardeo de acusaciones que no tienen base histórica, o que los descubrimientos arqueológicas y las investigaciones han demostrado que no son válidas.

Mientras daba una conferencia en la Universidad Estatal de Arizona, se me acercó un profesor de literatura con sus alumnos después de tener una conferencia al aire libre basada en la «libertad de expresión». Me dijo: «Sr. McDowell, usted basa todas sus afirmaciones acerca de Cristo en un documento del siglo segundo que es obsoleto. Hoy demostré en clase que el Nuevo Testamento fue escrito tanto tiempo después de haber vivido Cristo, que no podía haber precisión en lo que se escribió en él».

Le respondí: «Señor, comprendo su punto de vista, y conozco los escritos en los que se basó. Sin embargo, el hecho es que está comprobado que esos escritos son erróneos debido a que descubrimientos más recientes demuestran con claridad que el Nuevo Testamento fue escrito a una sola generación de distancia con respecto a los tiempos de Cristo».

La fuente de las opiniones de ese profesor acerca de los documentos concernientes a Jesús eran los escritos del crítico alemán Ferdinand Christian Baur. F.C. Baur dio por sentado que la mayoría de las Escrituras del Nuevo Testamento no fueron escritas hasta finales del segundo siglo d. C. y a partir de mitos y leyendas que se desarrollaron durante el prolongado intervalo entre la vida de Jesús y el tiempo en que esos relatos se pusieron por escrito.

En el siglo veinte, sin embargo, los descubrimientos arqueológicos han confirmado la veracidad de los manuscritos del Nuevo Testamento. Los antiguos manuscritos en papiro (el manuscrito John Ryland, 130 d. C.; el Papiro Chester Beatty, 155 d. C.; y el Papiro Bodmer II, 200 d. C.) llenaron el vacío entre la época de Cristo y los manuscritos de fechas posteriores.

Millar Burrows, por muchos años profesor de teología bíblica en la Escuela de Divinidades de la Universidad de Yale, dice: «Otro resultado de comparar el Nuevo Testamento en griego con el lenguaje de los papiros [descubiertos] es un aumento de la confianza en la exacta transmisión del texto del propio Nuevo Testamento»[1].

William F. Albright, quien fuera el principal arqueólogo bíblico del mundo, escribe: «Ya podemos decir de manera enfática que dejó de existir cualquier base sólida para fechar cualquier libro del Nuevo Testamento después de aproximadamente el año 80 d. C., dos generaciones completas antes de la fecha entre 130 y 150 dada por los actuales críticos más radicales del Nuevo Testamento»[2]. Este punto de vista lo reitera en una entrevista para *Christianity Today*: «En mi opinión, cada libro del Nuevo Testamento lo escribió un judío bautizado entre los años cuarenta y los ochenta del primer siglo d. C. (lo más probable es que fuera en algún momento entre los años 50 y 75 d. C.)»[3].

Sir William Ramsay, uno de los más importantes arqueólogos que hayan vivido jamás, fue estudiante de la escuela histórica alemana, la cual enseñaba que el libro de los Hechos era producto de mediados del siglo segundo d. C. y no del siglo primero como daba a entender. Después de la crítica moderna acerca del libro de los Hechos, Ramsay llegó a convencerse de que no era un relato confiable de los hechos de su época (50 d. C.) y, por lo tanto, no era digno de la consideración de un historiador. De modo que en su investigación sobre la historia del Asia Menor, Ramsay le prestó poca atención al

Nuevo Testamento. Su investigación, sin embargo, al final lo forzó a considerar los escritos de Lucas, el autor del libro de los Hechos. El arqueólogo observó la meticulosa exactitud de los detalles históricos, y poco a poco comenzó a cambiar su actitud hacia el libro de los Hechos. Se vio obligado a llegar a la conclusión de que «Lucas es un historiador de primera categoría [...] Este autor se debería colocar junto con los más importantes historiadores»[4]. Debido a la exactitud del libro incluso en los pequeños detalles, Ramsay al fin admitió que Hechos no podía ser un documento del segundo siglo, sino que pertenecía más bien a mediados del primer siglo.

Muchos eruditos liberales se han visto obligados a considerar fechas anteriores para el Nuevo Testamento. Las conclusiones del finado obispo anglicano John A.T. Robinson en su libro *Redating the New Testament* son radicales de manera asombrosa. Su investigación lo condujo a que todo el Nuevo Testamento se escribió antes de la caída de Jerusalén en el año 70 d. C[5].

En la actualidad, los críticos de las formas, eruditos que analizan las formas literarias antiguas y las tradiciones orales detrás de los escritos bíblicos, dicen que el material pasó de boca en boca hasta que se escribieron en la forma de los Evangelios. Aun cuando ahora admiten que el período de transmisión fue mucho más corto de lo que creían antes, todavía sostienen que las narraciones del Evangelio adquirieron las formas de la literatura folclórica (leyendas, cuentos, mitos y parábolas).

Uno de los principales cargos en contra del concepto de tradición oral desarrollado por los críticos de las formas es que el período entre los hechos del Nuevo Testamento y sus registros no es lo suficiente largo para que permitiera los cambios desde el acontecimiento hasta la leyenda a la que alegan esos críticos. Al hablar acerca de la brevedad de este intervalo, Simón Kistemaker, profesor emérito de Nuevo Testamento en el Seminario Teológico Reformado, escribe: «Por lo general, la acumulación del folclore entre los pueblos de culturas primitivas lleva muchas generaciones; es un proceso gradual que se extiende a través de los siglos. Sin embargo, en conformidad con el pensamiento de la crítica de las formas, debemos concluir que las historias del Evangelio se produjeron y recogieron en poco más de una generación. Desde el punto de vista del método de la crítica de las formas, la formación de las unidades individuales del Evangelio debe comprenderse como un proyecto abreviado por medio de un acelerado curso de acción»[6].

A.H. McNeile, ex profesor real de divinidades en la Universidad de Dublín, desafía el concepto de tradición oral de la crítica de las formas. Señala que los críticos de las formas no se ocupan tan de cerca como debieran de la tradición de las palabras de Jesús. En la cultura judía era importante que las verdaderas palabras de un maestro se preservaran y se pasaran al pie de la letra. Por ejemplo, 1 Corintios 7:10, 12, y 25 muestran la existencia de una genuina tradición y la preservación cuidadosa de esta. Era costumbre para un estudiante judío memorizar la enseñanza del rabí. Un buen alumno era como «una cisterna enyesada que no pierde ni una gota» (Mishná, Tratado Avot, ii-8). Si nos atenemos a las teorías del erudito bíblico anglicano C.F. Burney de la Biblia Anglicana (*In The Poetry of Our Lord*, 1925), podemos dar por sentado que gran parte de la enseñanza del Señor se halla en formas poéticas arameas, haciendo más fácil la memorización[7]. Es imposible que en una cultura así se haya podido desarrollar en tan corto tiempo una tradición de leyendas que no estuviera de acuerdo con los hechos reales.

Otros eruditos están de acuerdo. Paul L. Maier, profesor de Historia Antigua en la Universidad del Oeste de Michigan, escribe: «Los argumentos de que el cristianismo urdió su mito del domingo de Resurrección durante un largo período o que las fuentes se escribieron muchos años después del acontecimiento no son en sí objetivos»[8]. Al analizar la crítica de las formas, Albright escribe: «Solo los eruditos modernos que carecen tanto de método histórico como de perspectiva pueden hilar una red de especulación como esa con la que los críticos de las formas han rodeado la tradición evangélica». La propia conclusión de Albright fue que «un período de veinte a cincuenta años es demasiado pequeño para permitir cualquier apreciable corrupción del contenido esencial e incluso de la redacción concreta de los dichos de Jesús»[9]. Jeffery L. Sheler, escritor de religión para *US News & World Report*, escribe: «La Biblia y sus fuentes siguen firmemente arraigadas en la historia»[10].

A menudo los no cristianos me dicen que no podemos confiar en lo que dice la Biblia. «¡Vaya!, se escribió hace más de dos mil años. Está llena de errores y discrepancias», dicen. Les respondo que creo que puedo confiar en las Escrituras. Luego les describo un incidente que sucedió durante una conferencia en una clase de historia. Declaré que creía que existían más evidencias a favor de la confiabilidad del Nuevo Testamento, que a favor de otras diez obras clásicas cualesquiera puestas juntas.

El profesor se movió en el rincón riendo con disimulo, como si dijera: «Ah, ya está bien, no puedes creer en eso». Le pregunté de qué se reía.

Me contestó: «No puedo creer que usted tenga la audacia de afirmar en una clase de historia que el Nuevo Testamento es confiable. ¡Eso es absurdo!».

Deseando encontrar afinidades para una discusión caballerosa, le hice esta pregunta: «Dígame, señor, como historiador, ¿cuáles son las pruebas que le aplicaría a cualquier obra de escritura histórica a fin de determinar su exactitud y confiabilidad?». Me sorprendió que no tuviera ninguna de esas pruebas. Es más, todavía no he obtenido una respuesta positiva a esta pregunta. «Yo tengo algunas pruebas», le respondí. Le dije que creo a pie juntillas que debemos probar la confiabilidad histórica de la Escritura mediante el mismo riguroso criterio que les aplicamos a todos los documentos históricos. El historiador militar Chauncey Sanders enumera y explica los tres principios básicos de la historiografía: la prueba *bibliográfica*, la prueba de las *evidencias internas* y la prueba de las *evidencias externas*[11]. Examinemos cada una de las pruebas.

Prueba bibliográfica

La prueba bibliográfica es un examen de la transmisión textual mediante la cual los documentos antiguos nos llegaron del pasado. En otras palabras, debido a que no poseemos los manuscritos originales, tenemos que preguntarnos:

¿Cuán confiables son las reproducciones que tenemos? ¿Cuántos manuscritos han sobrevivido? ¿Cuán coherentes son? ¿Cuál es el intervalo de tiempo entre el original y las reproducciones existentes?

Podemos apreciar la enorme riqueza de autoridad que tienen los manuscritos del Nuevo Testamento al compararlos con el material textual disponible que respalda otros notables escritos antiguos. La historia de Tucídides (460-400 a. C.) la tenemos disponible desde solo ocho manuscritos fechados en 900 d. C., casi mil trescientos años después que se escribiera. Los manuscritos de la historia de Herodoto son de igual modo tardíos y escasos. Y con todo, como F.F. Bruce, profesor de la cátedra John Rylands de Crítica y Exégesis Bíblica en la Universidad de Manchester, afirma: «Ningún erudito clásico escucharía un alegato de que la autenticidad de Herodoto y Tucídides está en duda debido a que los manuscritos más antiguos que usamos son posteriores a sus originales en más de mil trescientos años»[12].

Aristóteles escribió su *Poética* alrededor de 343 a. C., y con todo, el ejemplar más antiguo que se tiene data del año 1100 d. C. (una brecha de casi mil cuatrocientos años), y solo existen cinco manuscritos.

César compuso su historia de su *Guerra de las Galias* entre los años 58 y 50 a. C., y la autoridad de sus manuscritos depende de nueve o diez reproducciones que datan de mil años después de su muerte.

«Pensemos en Tácito», dice Bruce Metzger, autor de cincuenta libros sobre la autoridad del manuscrito del Nuevo Testamento, «el historiador romano que escribió *Anales de la Roma Imperial* alrededor del 116 d. C. [...]» Sus primeros seis libros existen hoy en un solo manuscrito, y fue copiado alrededor del 850 d. C. Los libros del once al dieciséis están en otro manuscrito que data del siglo XI. Los libros del siete al diez están perdidos. Así que hay una gran brecha entre el momento en que Tácito recopiló su información y la escribió y los únicos ejemplares en existencia.

«Con respecto a Josefo, el historiador del siglo I, tenemos nueve manuscritos griegos de su obra Las Guerras de los Judíos, y estos ejemplares se escribieron en los siglos X, XI y XII. Hay una traducción al latín del siglo IV y materiales rusos medievales de los siglos XI y XII [...]».

«La abundancia de material del Nuevo Testamento es casi embarazosa», confiesa Metzger, «en comparación con otras obras de la antigüedad»[13].

Cuando escribí por primera vez este libro en 1981, tuve la posibilidad de documentar cuatro mil seiscientos manuscritos griegos de la Biblia, con mucho una cantidad superior de fuentes de material, comparada con la existente para cualquier otro libro escrito en la antigüedad. Sin embargo, después de haber escrito yo el libro se han hallado más manuscritos griegos aun, y ahora puedo documentar más de cinco mil seiscientos de ellos.

Daniel Wallace, profesor de estudios del Nuevo Testamento en el Seminario Teológico de Dallas y una de las principales autoridades del mundo sobre el texto griego y los manuscritos del Nuevo Testamento, declara: «Mucho más de doscientos manuscritos bíblicos (noventa de los cuales son del Nuevo Testamento) se descubrieron en el Sinaí en 1975 cuando se halló un compartimento oculto en la Torre de San Jorge. Algunos de estos manuscritos son muy antiguos. [Los manuscritos recién descubiertos] confirman que la transmisión del Nuevo Testamento se ha logrado en relativa pureza y que Dios sabe cómo conservar el texto para que no sea destruido. Además de los manuscritos, hay cincuenta mil fragmentos sellados en cajas. En los fragmentos se han identificado unos treinta manuscritos separados del Nuevo Testamento, y los eruditos creen que quizá haya muchos más»[14].

Cuando se trata de la autoridad del manuscrito del Nuevo Testamento, la abundancia de material es casi abrumadora en contraste con la disponibilidad de los manuscritos de otros textos clásicos.

Después del primer papiro descubierto que salva las distancias entre los tiempos de Cristo y el siglo segundo, salió a la luz una profusión de manuscritos más. Desde el año 2004, existen más de veinte mil reproducciones de los manuscritos del Nuevo Testamento. La *Iliada*, que está en segundo lugar después del Nuevo Testamento en cuanto a la autoridad de sus manuscritos, solo tiene seiscientos cuarenta y tres manuscritos en existencia.

El erudito judío Jacob Klausner dijo: «Si tuviéramos fuentes antiguas como la de los Evangelios para la historia de Alejandro o César, no deberíamos tener dudas de ninguna clase sobre ellos»[15].

Sir Frederic Kenyon, quien fuera el director y bibliotecario principal en el Museo Británico y cuya autoridad sobre manuscritos antiguos no tiene igual, sostiene: «El intervalo entonces entre las fechas de la composición original y las primeras evidencias existentes llega a ser tan pequeño como para que sea insignificante en realidad, y el último principio básico para cualquier duda de que las Escrituras nos llegaron de manera sustancial tal como fueron escritas, ha quedado eliminado. Al fin puede considerarse como establecidas la autenticidad y la integridad general de los libros del Nuevo Testamento»[16].

Otros están de acuerdo. El obispo anglicano e historiador del Nuevo Testamento Stephen Nelly sostiene la opinión de que «tenemos un texto muchísimo mejor y más confiable del Nuevo Testamento, que de todas las demás obras antiguas, cualesquiera que sean»[17].

Craig Blomberg, ex investigador principal invitado de la Universidad de Cambridge en Inglaterra y ahora profesor de Nuevo Testamento en el Seminario de Denver, explica que los textos del Nuevo Testamento «se han preservado en número mucho mayor y con mucho más cuidado que cualquier otro de los documentos antiguos». Blomberg Blomberg sostiene que «del noventa y siete al noventa y nueve por ciento del Nuevo Testamento se puede reconstruir más allá de cualquier duda razonable»[18].

El erudito en griego del Nuevo Testamento J. Harold Greenlee añade: «Puesto que los eruditos por regla general aceptan como confiables los escritos de los clásicos antiguos aun cuando los manuscritos más antiguos que poseemos se escribieron mucho tiempo después de los escritos originales y el número de manuscritos existentes es en muchos casos muy pequeño, es evidente que la confiabilidad del texto del Nuevo Testamento está asegurada de igual modo»[19].

La aplicación de la prueba bibliográfica al Nuevo Testamento nos garantiza que sus manuscritos tienen más autoridad que cualquier otra obra de literatura de la antigüedad. Si añadimos a esa autoridad el hecho de que los manuscritos del Nuevo Testamento han pasado por más de ciento treinta años de intensa crítica textual, podemos llegar a la conclusión de que ha quedado establecido un texto auténtico para el Nuevo Testamento.

Pruebas procedentes de las evidencias internas

La prueba bibliográfica solo determina que el texto que tenemos ahora es el que se escribió en el principio. Todavía no solo tenemos que determinar si ese registro oficial original es creíble, sino también hasta qué punto es creíble. Esa es la tarea de la crítica interna, que es la segunda prueba de historicidad citada por Chauncey Sanders.

El apologista John W. Montgomery nos recuerda que «la erudición histórica y literaria persiste en seguir la notable y justa sentencia de Aristóteles de que el beneficio de la duda se le debe conceder al documento en sí, en lugar de que el crítico se lo atribuya a sí mismo». Montgomery continúa: «Esto significa que uno debe estar atento a los alegatos del documento bajo análisis, y no dar por sentado el fraude ni el error a menos que el autor se descalifique a sí mismo mediante contradicciones o inexactitudes conocidas en cuanto a los hechos»[20].

Louis Gottschalk, ex profesor de historia en la Universidad de Chicago, bosqueja su método histórico en una guía usada por muchos para la investigación histórica. Gottschalk señala que la capacidad del escritor o de los testigos para contar la verdad es útil para los historiadores en su esfuerzo por determinar la credibilidad, «aunque se encuentre en un documento obtenido por medio de la fuerza o del fraude, o que sea censurable en algún otro sentido, base sus evidencias en rumores o provenga de un testigo interesado»[21].

Esta capacidad para decir la verdad está estrechamente relacionada con la proximidad del testigo tanto de manera geográfica como cronológica a los acontecimientos registrados. Las narraciones en el Nuevo Testamento de la vida y la enseñanza de Jesús las escribieron hombres que o bien fueron testigos presenciales o que se relacionaron con esos testigos de los verdaderos acontecimientos o las enseñanzas de Cristo. Considere estas declaraciones del Nuevo Testamento:

Lucas 1:1-3: «Muchos han intentado hacer un relato de las cosas que se han cumplido entre nosotros, tal y como nos las transmitieron los que desde el principio fueron testigos presenciales y servidores de la palabra. Por lo tanto, yo también, excelentísimo Teófilo, habiendo investigado todo esto con esmero desde su origen, he decidido escribírtelo ordenadamente». Los eruditos reconocen la veracidad histórica de Lucas. «El consenso de los eruditos liberales y conservadores es que Lucas manifiesta precisión en lo que dice», explica John McRay, profesor de Nuevo Testamento y arqueología en el Wheaton College. «Es erudito, es elocuente, su griego se aproxima a la calidad clásica, escribe como un hombre educado, y los descubrimientos arqueológicos demuestran una y otra vez que Lucas es preciso en lo que tiene que decir»[22].

2 Pedro 1:16: «Cuando les dimos a conocer la venida de nuestro Señor Jesucristo en todo su poder, no estábamos siguiendo sutiles cuentos supersticiosos sino dando testimonio de su grandeza, que vimos con nuestros propios ojos».

1 Juan 1:3: «Les anunciamos lo que hemos visto y oído, para que también ustedes tengan comunión con nosotros. Y nuestra comunión es con el Padre y con su Hijo Jesucristo».

Juan 19:35: «El que lo vio ha dado testimonio de ello, y su testimonio es verídico. Él sabe que dice la verdad, para que también ustedes crean».

Hechos 1:3: «Después de padecer la muerte, se les presentó dándoles muchas pruebas convincentes de que estaba vivo. Durante cuarenta días se les apareció y les habló acerca del reino de Dios».

Hechos 4:20: «Nosotros no podemos dejar de hablar de lo que hemos visto y oído».

Una vez examinados los testimonios de solo seis testigos presenciales (Mateo, Juan, Pablo,

Pedro, Jacobo y Judas), el profesor de apologética Lynn Gardner llega a la conclusión de que, en comparación con las evidencias de otros escritos literarios de la antigüedad, «tenemos fuentes mucho mejores para nuestro conocimiento de Jesús de Nazaret»[23].

Esta cercanía de los escritores a los hechos anotados es una certificación sumamente efectiva sobre la veracidad de los testigos presenciales. Sus recuerdos son vívidos todavía. Sin embargo, el historiador debe lidiar con los testigos oculares que, aunque competentes para contar la verdad, dan falsas narraciones a propósito o de manera inconsciente.

Norman Geisler, fundador y presidente del Seminario Evangélico del Sur, resume el testimonio de los testigos presenciales: «Tanto el gran número de las narraciones sobre Jesús hechas por testigos presenciales independientes [...] así como la naturaleza y la integridad de los mismos testigos dejan más allá de la duda razonable la confiabilidad del testimonio apostólico acerca de Cristo»[24].

Las narraciones sobre Cristo del Nuevo Testamento circularon durante la vida de sus contemporáneos. Sin duda, esas personas cuyas vidas coinciden podrían confirmar o negar la exactitud de las narraciones. Al abogar por la defensa del Evangelio, los apóstoles apelaron (aun cuando se enfrentaran a sus más severos opositores) a un conocimiento común sobre Jesús. No solo dijeron: «Miren, nosotros vimos esto» o «Hemos escuchado que», sino que revirtieron la situación de una manera drástica y les dijeron en su misma cara a sus críticos y enemigos: «Ustedes saben también acerca de estas cosas. Ustedes las vieron. Ustedes mismos las conocen». Sin embargo, escuchen el desafío de los siguientes pasajes:

Hechos 2:22: «Escuchen, pues, israelitas, lo que voy a decir: Como ustedes saben muy bien, Jesús de Nazaret fue un hombre a quien Dios aprobó ante ustedes, haciendo por medio de él grandes maravillas, milagros y señales» (DHH).

Hechos 26:24-26: «Diciendo él estas cosas en su defensa, Festo a gran voz dijo: Estás loco, Pablo; las muchas letras te vuelven loco. Mas él dijo: No estoy loco, excelentísimo Festo, sino que hablo palabras de verdad y de cordura. Pues el rey sabe estas cosas, delante de quien también hablo con toda confianza. Porque no pienso que ignora nada de esto; pues no se ha hecho esto en algún rincón» (RV-60).

Sería mejor que uno fuera cuidadoso cuando le dice a su oponente: «Tú sabes esto también», porque si no existe el conocimiento común ni están de acuerdo con los detalles, nos tendríamos que tragar el desafío.

Con respecto a esta principal fuente de valor de los documentos del Nuevo Testamento, F.F. Bruce dice: «Y los primeros predicadores no solo tuvieron que tener en cuenta a los testigos presenciales favorables; había otros cuyas intenciones no eran tan buenas, y que también conocían los principales hechos sobre el ministerio y la muerte de Jesús. Los discípulos no podían permitirse el riesgo de inexactitudes (sin mencionar la manipulación deliberada de los hechos), que dejarían al descubierto estos, a quienes les alegraría mucho hacerlo. Al contrario, uno de los puntos fuertes en la predicación apostólica original es la confiada apelación de los oyentes; no solo dijeron: «Nosotros somos testigos de estos acontecimientos» (Hechos 5:32), sino también: «Como ustedes saben muy bien» (Hechos 2:22, DHH). Si hubiese habido cualquier tendencia a apartarse de los hechos respecto a cualquier documento, la posible presencia de testigos hostiles en la audiencia habría servido como un motivo mayor para la corrección»[25].

Lawrence J. McGinley del *Saint Peter's College* comenta sobre el valor de los testigos hostiles con relación al registro de los hechos: «Antes que todo, los testigos de los hechos en cuestión todavía estaban vivos cuando se formó por completo la tradición; y entre esos testigos presenciales estaban los enemigos acérrimos del nuevo movimiento religioso. Sin embargo, la tradición exigía hablar en público de una serie de obras y doctrinas bien conocidas en unos momentos en los que se podrían desafiar los falsos testimonios, y serían desafiados»[26].

Es por eso que el renombrado historiador David Hackett Fischer, profesor de historia en la Universidad de Brandeis, explica que el testimonio de los apóstoles como testigos presenciales es «la mejor de las pruebas relevantes»[27].

El erudito en Nuevo Testamento Robert Grant, de la Universidad de Chicago, sostiene: «En el momento en que se escribieron [los Evangelios Sinópticos], o se supone que se escribieran, había testigos presenciales y se tuvo presente también la existencia de su testimonio... Esto significa que los Evangelios deben considerarse en gran medida testigos fiables de la vida, la muerte y la resurrección de Jesús»[28].

El historiador Hill Durant, que se preparó en la disciplina de la investigación histórica y se pasó la vida analizando documentos de la antigüedad, escribe: «A pesar de los prejuicios y los falsos conceptos teológicos de los evangelistas, estos escribieron muchos incidentes que unos simples inventores habrían ocultado: la competencia de los apóstoles por los lugares altos en el reino, su huida después del arresto de Jesús, la negación de Pedro, el hecho de que Cristo no pudiera obrar milagros en Galilea, las referencias de algunos oyentes a su posible locura, sus primeras dudas en cuanto a su misión, sus confesiones de ignorancia respecto al futuro, sus momentos de amargura, su grito desesperado de la cruz; nadie que lea estas escenas puede dudar de la realidad del personaje detrás de ellas. Que unos pocos hombres sencillos hayan inventado una personalidad tan poderosa y atractiva, tan sublime y ética y tan inspiradora de una visión de hermandad humana, que sería un milagro mucho más increíble que cualquiera de los que aparecen en los evangelios. Después de dos siglos de crítica textual, las descripciones de la vida, el carácter y las enseñanzas de Cristo siguen siendo claras de un modo razonable, y constituyen la característica más fascinante en la historia del hombre occidental»[29].

Pruebas procedentes de las evidencias externas

La tercera prueba de la historicidad es la de las evidencias externas. El asunto aquí es si otro material histórico confirma o niega el testimonio interno de los propios documentos. En otras palabras, ¿qué fuentes, aparte de la literatura bajo análisis, respaldan la veracidad, la confiabilidad y la autenticidad del documento?

Louis Gottschalk opina que «la *conformidad* o la *concordia* con otros hechos históricos o científicos a menudo es la prueba de la evidencia decisiva, ya sea de uno o más testigos»[30].

Dos amigos y discípulos del apóstol Juan confirman como evidencias externas las evidencias internas que aparecen en las narraciones de Juan. El primero fue Papías, obispo de Hierápolis (130 d. C.). El historiador Eusebio conserva los escritos de Papías como sigue: «El Anciano [el apóstol Juan] solía decir esto: «Marcos, al ser el intérprete de Pedro, escribió con exactitud todo lo que él [Pedro] mencionó, ya sean los dichos u obras de Cristo, pero no en orden. Pues él no fue ni oyente ni compañero del Señor; pero después, como he dicho, acompañó a Pedro, quien adaptó sus enseñanzas tal como lo requería la necesidad, no como si fuera a hacer una recopilación de los dichos de Señor. De modo que Marcos no cometió ningún error, escribió a su manera algunas cosas como las mencionó; pues prestó atención a esta única cosa: no omitir nada de lo que había escuchado, ni incluir ninguna falsa declaración entre ellas»[31].

El segundo amigo de Juan fue uno de sus discípulos, Policarpo, quien se convirtió en obispo de Esmirna y fue cristiano durante ochenta y seis años. El alumno de Policarpo, Ireneo, más tarde obispo de Lyon (180 d. C.), escribió de lo que aprendió de Policarpo (discípulo de Juan): «Mateo publicó su Evangelio entre los hebreos [es decir, judíos] en su propia lengua, cuando Pedro y Pablo predicaban el evangelio en Roma y fundaron la iglesia allí. Después de su partida [es decir, muerte, que una sólida tradición coloca en el tiempo de la persecución de Nerón en 64 d. C.], el mismo Marcos, discípulo e intérprete de Pedro, nos dejó por escrito la sustancia de la predicación de Pedro. Lucas, seguidor de Pablo, escribió en un libro el evangelio predicado por su maestro. Luego Juan, el discípulo del Señor, que también se reclinó sobre su pecho [esto es una referencia a Juan 13:25 y 21:20], redactó su Evangelio, mientras vivía en Éfeso en Asia»[32].

A menudo, la arqueología proporciona poderosas evidencias externas. Esto contribuye a la crítica bíblica, no en el campo de la inspiración y la revelación, sino porque brinda pruebas sobre la precisión de los acontecimientos registrados. El arqueólogo Joseph Free escribe: «La arqueología ha confirmado innumerables pasajes que los críticos han rechazado como no históricos o contradictorios a los hechos conocidos»[33].

Ya hemos visto cómo la arqueología causó que Sir William Ramsay cambiara sus convicciones iniciales negativas acerca de la historicidad de

Lucas y y llegara a la conclusión de que el libro de los Hechos era fiel en su descripción de la geografía, las antigüedades y la sociedad del Asia Menor.

F.F. Bruce señala que «puesto que se ha sospechado inexactitud en Lucas, y la evidencia [externa] de alguna inscripción ha reivindicado su veracidad, es probable que sea legítimo decir que la arqueología ha confirmado lo dicho en el texto del Nuevo Testamento»[34].

A.N. Sherwin-White, un historiador clásico, escribe que «para el libro de Hechos la confirmación de la historicidad es abrumadora». Continúa diciendo que «cualquier intento de rechazar sus principios básicos de historicidad, incluso en los asuntos o detalles, ahora debe parecer absurdo. Los historiadores romanos lo han tenido por seguro durante largo tiempo»[35].

Después de intentar personalmente destruir la historicidad y la validez de las Escrituras, me he visto obligado a llegar a la conclusión de que son dignas de confianza desde el punto de vista histórico. Si uno desecha la Biblia como poco confiable en lo histórico, deberá rechazar también toda la literatura de la antigüedad. Ningún otro documento tiene tanta evidencia para confirmar su veracidad.

Un problema que enfrento sin cesar es el deseo por parte de muchos de aplicarles unas normas a las pruebas de la literatura secular y otras a las de la

Biblia. Debemos aplicar la misma norma, tanto si la literatura bajo investigación es secular, como si es religiosa. Al hacerlo, estoy convencido de que la Biblia es fidedigna e históricamente confiable en su testimonio acerca de Jesús.

Clark H. Pinnock, profesor de teología sistemática en el *Regent College*, declara: «No existe un documento del mundo antiguo atestiguado por tan excelente conjunto de testimonios textuales e históricos, y que ofrezca tan magnífica colección de datos históricos con los que se pueda tomar una decisión inteligente. Una [persona] sincera no puede desestimar una fuente de este tipo. El escepticismo con respecto a las credenciales históricas del cristianismo se basa en una predisposición irracional [es decir, contraria a lo sobrenatural]»[36].

Douglas Groothuis, profesor asociado de filosofía y jefe del departamento de religión en el Seminario de Denver, señala que «el Nuevo Testamento está mejor autenticado por los manuscritos antiguos que cualquier otra obra de la literatura antigua»[37].

CAPÍTULO 6

¿Quién moriría por una mentira?

Los que desafían al cristianismo a menudo pasan por alto un aspecto de las evidencias: la transformación de los apóstoles de Jesús. Las vidas de esos hombres cambiadas de manera radical nos dan un sólido testimonio a favor de la validez de las afirmaciones de Cristo.

Debido a que la fe cristiana es histórica, nuestro conocimiento debe depender en gran medida del testimonio, tanto escrito como oral. Sin tal testimonio, no tenemos una ventana a ningún hecho histórico, cristiano o no. Es más, toda la historia es, en esencia, un conocimiento del pasado basado en el testimonio. Si la dependencia de tal testimonio parece darle a la historia un cimiento demasiado inestable, debemos preguntarnos: ¿qué otra cosa podemos aprender del pasado? ¿Cómo podemos saber que Napoleón vivió? Ninguno de nosotros estaba vivo en su tiempo. No lo vimos ni lo conocimos. Debemos confiar en el testimonio.

Nuestro conocimiento de la historia tiene un problema inherente: ¿Podemos confiar en que el testimonio es fidedigno? Puesto que nuestro conocimiento del cristianismo está basado en el testimonio dado en un pasado distante, debemos preguntarnos si podemos depender de su veracidad. ¿Eran dignos de confianza los testimonios orales acerca de Jesús? ¿Podemos confiar en ellos para comunicar de manera adecuada lo que dijo e hizo Jesús? Creo que podemos hacerlo.

Confío en los testimonios de los apóstoles porque once de esos hombres murieron como mártires porque se mantuvieron firmes con respecto a dos verdades: La divinidad de Cristo y su resurrección. A esos hombres los torturaron y flagelaron, y al final sufrieron la muerte mediante alguno de los más crueles métodos entonces conocidos[1]:

1. Pedro, en un principio llamado Simón: crucificado.
2. Andrés: crucificado.
3. Jacobo, hijo de Zebedeo: lo mataron a espada.
4. Juan, hijo de Zebedeo: murió de muerte natural.
5. Felipe: crucificado.
6. Bartolomé: crucificado.

7. Tomás: lo atravesaron con una lanza.
8. Mateo: lo mataron a espada.
9. Jacobo, hijo de Alfeo: crucificado.
10. Tadeo: lo mataron con flechas.
11. Simón, el Zelote: crucificado.

El punto de vista que escucho a menudo es: «Bueno, esos hombres murieron por una mentira. Mucha gente ha hecho eso. Entonces, ¿qué es lo que prueba?».

Sí, muchas personas han muerto por una mentira, pero creían que era una verdad. ¿Cuál fue el caso de los discípulos? Si la resurrección no ocurrió, es obvio que los discípulos lo hubieran sabido. No encuentro manera alguna de que se haya podido engañar a estos hombres. Por lo tanto, no solo habrían muerto por una mentira, he aquí el problema, sino que habrían *sabido* que era una mentira.

Veamos varios factores que nos ayudarán a comprender la verdad precisa de lo que creían.

1. Fueron testigos presenciales

Los apóstoles escribieron y otros discípulos hablaron como verdaderos testigos oculares de los hechos que describían. Pedro dijo: «Cuando les dimos a conocer la venida de nuestro Señor Jesucristo en todo su poder, no estábamos siguiendo sutiles cuentos supersticiosos sino dando testimonio de su grandeza, que vimos con nuestros propios ojos» (2 Pedro 1:16). Por supuesto que los apóstoles conocían la diferencia entre un mito o leyenda, y la realidad.

Juan enfatizó el aspecto de testigo presencial de su conocimiento: «Lo que ha sido desde el principio, lo que hemos oído, lo que hemos visto con nuestros propios ojos, lo que hemos contemplado, lo que hemos tocado con las manos, esto les anunciamos respecto al Verbo que es vida. Esta vida se manifestó. Nosotros la hemos visto y damos testimonio de ella, y les anunciamos a ustedes la vida eterna que estaba con el Padre y que se nos ha manifestado. Les anunciamos lo que hemos visto y oído, para que también ustedes tengan comunión con nosotros. Y nuestra comunión es con el Padre y con su Hijo Jesucristo» (1 Juan 1:1-3). Juan comenzó la última porción de su Evangelio diciendo que «Jesús hizo muchas otras señales milagrosas en presencia de sus discípulos, las cuales no están registradas en este libro» (Juan 20:30).

Lucas dijo: «Muchos han intentado hacer un relato de las cosas que se han cumplido entre nosotros, tal y como nos las transmitieron los que desde el principio fueron testigos presenciales y servidores de la palabra. Por lo tanto, yo también, excelentísimo Teófilo, habiendo investigado todo esto con esmero desde su origen, he decidido escribírtelo ordenadamente, para que llegues a tener plena seguridad de lo que te enseñaron» (Lucas 1:1-4).

Entonces en el libro de Hechos, Lucas describe el período de cuarenta días después de la resurrección, cuando los seguidores de Jesús lo observaron de cerca: «Estimado Teófilo, en mi primer libro me referí a todo lo que Jesús comenzó a hacer y enseñar hasta el día en que fue llevado al cielo, luego de darles instrucciones por medio del Espíritu Santo a los apóstoles que había escogido. Después de padecer la muerte, se les presentó dándoles muchas pruebas convincentes de que estaba vivo. Durante cuarenta días se les apareció y les habló acerca del reino de Dios» (Hechos 1:1-3).

La resurrección de Jesús es el tema central de los siguientes testimonios presenciales. Los apóstoles fueron testigos de su vida resucitada:

Lucas 24:48	Hechos 10:39, 41
Juan 15:27	Hechos 11:15
Hechos 1:8	Hechos 13:31
Hechos 2:24, 32	Hechos 23:11
Hechos 3:15	Hechos 26:16
Hechos 4:33	1 Corintios 15:4-9, 15
Hechos 5:32	1 Juan 1:2

2. Hubo que convencerlos

Los apóstoles pensaban que cuando muriera Jesús, terminaba todo. En cuanto lo arrestaron, huyeron y se escondieron (véase Marcos 14:50). Cuando les dijeron que la tumba estaba vacía, al principio no lo creyeron (véase Lucas 24:11). Solo creyeron después de amplias y convincentes evidencias. Luego tenemos a Tomás, que dijo que no creería que Cristo había resucitado de los muertos hasta que no pusiera su dedo en las heridas de Él. Más tarde, Tomás muere como mártir por Cristo. ¿Lo engañaron? Apostó la vida a que nadie lo había engañado.

Entonces tenemos a Pedro. Negó a su Señor varias veces durante el juicio de Cristo y desertó al final. Sin embargo, algo cambió a aquel cobarde. Poco tiempo después de la crucifixión y la sepultura de Cristo, Pedro apareció en Jerusalén predicando con audacia, entre amenazas de muerte, que Jesús era el Cristo y que había resucitado. Al final, crucificaron a Pedro (de cabeza, según la tradición). ¿Qué podría haber cambiado a este aterrado desertor en un intrépido león por Jesús? ¿Por qué de repente Pedro estuvo dispuesto a morir por Él? ¿Engañaron al apóstol? Difícilmente. La única explicación que me satisface es la que leemos en 1 Corintios 15:5, que después de su resurrección, Cristo «se le apareció a Pedro» (TLA). Pedro presenció la resurrección del Señor, y creía hasta el punto de que estaba dispuesto a morir por su creencia.

El ejemplo clásico de un hombre convencido contra su voluntad fue Jacobo, el hermano de Jesús. (Aunque Jacobo no era uno de los Doce originales [véase Mateo 10:2-4], más tarde le reconocieron como apóstol [véase Gálatas 1:19], como lo fueron Pablo y Bernabé [véase Hechos 14:14]). Mientras Jesús crecía y se dedicaba a su ministerio, Jacobo no creía que su hermano fuera el Hijo de Dios (véase Juan 7:5). Sin duda, Jacobo se burlaba de Jesús junto con sus hermanos, y es posible que le dijera cosas como: «¿Tú quieres que la gente crea en ti? ¿Por qué no vas a Jerusalén y montas un gran espectáculo con todos tus milagros y sanidades?». Jacobo debe haberse sentido humillado de que su hermano anduviera de un sitio para otro avergonzando y ridiculizando el nombre de la familia con todas sus audaces afirmaciones: «Yo soy el camino, la verdad y la vida [...] Nadie llega al Padre sino por mí» (Juan 14:6); «Yo soy la vid y ustedes son las ramas» (Juan 15:5); «Yo soy el buen pastor; conozco a mis ovejas, y ellas me conocen a mí» (Juan 10:14). ¿Qué pensaría usted si su hermano anduviera de un lado para otro de la ciudad diciendo esas cosas?

Sin embargo, algo le pasó a Jacobo. Después que crucificaron y sepultaron a Jesús, Jacobo se fue a predicar a Jerusalén. Su mensaje era que

Jesús murió por nuestros pecados, resucitó y está vivo. Al final, Jacobo se convirtió en una figura destacada en la iglesia de Jerusalén y escribió un libro, la Epístola de Santiago[2]. La comenzó escribiendo: «JACOBO, siervo de Dios y del Señor Jesucristo» (Santiago 1:1, RV-09). Al final, a Jacobo lo apedrearon hasta la muerte por orden del sumo sacerdote Ananías[3]. ¿Qué pudo haber cambiado a Jacobo de un avergonzado burlón, a uno dispuesto a morir por la divinidad de su hermano? ¿Engañaron a Jacobo? No. La única explicación posible es la que leemos en 1 Corintios 15:7: «Luego [después de la resurrección de Cristo] se apareció a Jacobo». Jacobo vio al Cristo resucitado y creyó.

J.P. Moreland, profesor de filosofía en la Escuela de Teología Talbot, explica el significado del hecho de que Jacobo, el hermano de Jesús, terminara creyendo que Él era el Mesías: «Los evangelios nos dicen que los parientes de Jesús, entre ellos Jacobo, estaban avergonzados por lo que Jesús decía acerca de sí mismo. No creían en él; lo confrontaban. En el judaísmo antiguo era una gran vergüenza que la familia de un rabino no lo aceptara. Por lo tanto, los escritores de los Evangelios no habrían tenido motivo alguno para inventar este escepticismo si no hubiera sido cierto. Más tarde el historiador Josefo nos dice que

Jacobo, el hermano de Jesús, que fue líder de la iglesia de Jerusalén, fue apedreado de muerte por su creencia en su hermano. ¿Por qué cambió la vida de Jacobo? Pablo nos dice: se le apareció el Jesús resucitado. No hay otra explicación»[4].

Si la Resurrección fue una mentira, lo habrían sabido los apóstoles. ¿Perpetuaron un colosal engaño? Tal posibilidad es incoherente con lo que sabemos acerca de la calidad moral de sus vidas. Condenaban personalmente la mentira e insistían en la sinceridad. Exhortaban a conocer la verdad. Alentaron a las personas a conocer la verdad. El historiador Edward Gibbon, en su famosa obra *Historia de la Decadencia y Ruina del Imperio Romano*, da la «más pura, pero austera moralidad de los primeros cristianos» como una de las cinco razones para el rápido éxito del cristianismo[5]. Michael Green, un investigador principal invitado de Wycliffe Hall, Universidad de Oxford, observa que la Resurrección «fue la convicción que cambió a los descorazonados seguidores de un rabí crucificado en los valerosos testigos y mártires de la Iglesia antigua. Esta fue la única creencia que separó a los seguidores de Jesús de los judíos y los transformó en la comunidad de la resurrección. Se les podía encarcelar, flagelar y hasta matar, pero no se podía lograr que negaran su convicción de «que resucitó al tercer día»[6].

3. Se convirtieron en hombres valientes

La valerosa conducta de los apóstoles justo después de que se convencieran de la Resurrección hace improbable en gran medida que todo fuera un fraude. Se convirtieron en hombres valientes de la noche a la mañana. Después de la Resurrección, Pedro, quien negó a Cristo, se mantuvo firme incluso frente a amenazas de muerte y proclamó que Jesús estaba vivo. Las autoridades arrestaron a los discípulos de Cristo y los golpearon, pero ellos pronto regresaron a la calle hablando acerca de Jesús (véase Hechos 5:40-42). Sus amigos notaron su gozo, y sus enemigos notaron su valor. Recuerde que los apóstoles no confinaban su valentía en aldeas desconocidas. Predicaban en Jerusalén.

Los discípulos de Jesús no se habrían enfrentado a la tortura ni la muerte a menos que estuvieran convencidos de su resurrección. La unanimidad de su mensaje y su conducta era asombrosa. Las probabilidades en contra de que un grupo tan grande de personas estuviera de acuerdo en un tema tan controversial eran enormes, pero todos aquellos hombres estaban de acuerdo en la verdad de la Resurrección. Si eran engañadores, es difícil explicar por qué ni uno solo de ellos se dio por vencido ante la presión que soportaban.

Blaise Pascal, el filósofo francés, escribe: «El alegato de que los apóstoles eran impostores es muy absurdo. Sigamos esta acusación hasta sus conclusiones lógicas. Imaginémonos a esos doce hombres, reunidos después de la muerte de Cristo, y entrando en conspiración para decir que Él resucitó. Eso habría constituido un ataque tanto contra las autoridades civiles como religiosas. El corazón del hombre es dado de manera peculiar a veleidades y cambios; lo persuaden con promesas, lo tientan con cosas materiales. Si alguno de esos hombres hubiera sucumbido ante tentaciones tan atractivas, o cedido ante los argumentos más persuasivos de la prisión y las torturas, todos habrían estado perdidos»[7].

«Cuando Jesús fue crucificado», explica J.P. Moreland, «sus seguidores se desanimaron y se deprimieron. Ya no tenían confianza en que Jesús había sido enviado por Dios porque creían que cualquier persona crucificada era maldecida por Dios. También les habían enseñado que Dios no permitiría que su Mesías sufriera la muerte. Por lo tanto, se dispersaron. El movimiento de Jesús quedó parado en seco. Luego, al cabo de un corto período de tiempo, los vemos abandonar sus ocupaciones, volver a reunirse y comprometerse a anunciar un mensaje muy específico: que Jesucristo era el Mesías de Dios que murió en una cruz, volvió a la vida y ellos lo habían visto vivo. Y estuvieron dispuestos a pasar el resto de sus vidas proclamándolo sin ninguna recompensa desde el punto de vista humano. No los estaba esperando una mansión junto al Mediterráneo. Se tuvieron que enfrentar a una vida llena de privaciones. A menudo no tenían comida, dormían a la intemperie, eran ridiculizados, golpeados, encarcelados. Y finalmente, la mayoría de ellos fueron ejecutados y torturados. ¿Por qué? ¿Por sus buenas intenciones? No, porque estaban convencidos más allá de toda sombra de duda de que habían visto a Jesucristo salir vivo de entre los muertos. Cómo este grupo particular de hombres habría podido llegar a sostener una creencia así, sin haber tenido la experiencia del Cristo resucitado. No hay otra explicación adecuada»[8].

«¿Cómo se transformaron, casi de la noche a la mañana, en la indomable banda de entusiastas que desafiaba la oposición, el cinismo, el ridículo, la tribulación, la cárcel y la muerte en tres continentes, mientras predicaban en todas partes sobre Jesús y la resurrección?», pregunta Michael Green[9].

Un escritor narra de manera descriptiva los cambios que ocurrieron en las vidas de los apóstoles: «El día de la crucifixión estaban llenos de tristeza; el primer día de la semana, de alegría.

En la crucifixión estaban desesperados; el primer día de la semana sus corazones resplandecían de confianza y esperanza. Cuando recibieron por vez primera el mensaje de la resurrección, fueron incrédulos y difíciles de convencer, pero una vez que llegaron a estar seguros no volvieron a dudar jamás. ¿Qué podría justificar el cambio tan asombroso de estos hombres en tan poco tiempo? La simple desaparición del cuerpo que había en el sepulcro nunca habría podido transformar su espíritu ni su carácter. No bastan tres días para que surja de repente una leyenda que afecte tanto. El proceso de formación de una leyenda necesita tiempo. Es una realidad psicológica que exige una explicación satisfactoria. Piense en el carácter de los testigos: hombres y mujeres que le dieron al mundo la enseñanza más ética conocida jamás, y que, de acuerdo al testimonio de sus propios enemigos, vivieron esa enseñanza. Piense en el absurdo psicológico de imaginar una pequeña banda de cobardes en un aposento alto un día, y transformados pocos días después en una compañía que ninguna persecución pudo silenciar; y luego intente atribuir este extraordinario cambio a nada más convincente que una desdichada invención que trataban de imponerle al mundo. A decir verdad, eso no tendría sentido»[10].

El historiador de la iglesia Kenneth Scott Latourette escribe: «Los efectos de la resurrección y la venida del Espíritu Santo sobre los discípulos fueron [...] de gran importancia. De un grupo de hombres y mujeres desalentados y desilusionados que volvían con tristeza su mirada atrás a los días cuando esperaban que Jesús fuera «quien redimiría a Israel», se convirtieron en una compañía de entusiastas testigos»[11].

N.T. Wright, ex profesor de estudios del Nuevo Testamento en la Universidad de Oxford, Inglaterra, explica: «El historiador tiene que decir: «¿Cómo explicamos el hecho de que este movimiento de Jesús como Mesías se propagara como el fuego, aun después de haber sido crucificado Jesús?». La respuesta tiene que ser: es posible porque Él resucitó de los muertos»[12].

Paul Little, quien fuera profesor asociado de evangelización en la *Trinity Evangelical Divinity School,* pregunta: «¿Son estos hombres, que ayudaron a transformar la estructura moral de la sociedad, unos mentirosos consumados o unos locos engañados? Estas alternativas son más difíciles de creer que el hecho de la Resurrección, y no existen evidencias que las apoyen»[13].

No hay manera de justificar la firmeza de los apóstoles aun ante la muerte, no se puede justificar con habilidad. De acuerdo con la *Enciclopedia*

Británica, el filósofo Orígenes registra que a Pedro lo crucificaron de cabeza. El historiador cristiano Herbert B. Workman describe la muerte de los apóstoles: «De este modo a Pedro, como profetizó nuestro Señor, lo «vistió» otro, y lo «llevaron» a la muerte a lo largo de la vía Aurelia, a un lugar muy cercano a los jardines de Nerón en la colina del Vaticano, donde tantos de sus hermanos ya habían sufrido una muerte cruel. Por petición propia, lo crucificaron de cabeza, dado que era indigno de sufrir como su Maestro»[14].

Harold Mattingly, que fuera profesor emérito en la Universidad de Leeds, escribe en su texto de historia: «Los apóstoles, San Pedro y San Pablo, sellaron su testimonio con su sangre»[15]. Tertuliano escribió que «ningún hombre estaría dispuesto a morir a menos que supiera que tenía la verdad»[16]. Simon Greenleaf, profesor de leyes en Harvard y un hombre que diera conferencias por años sobre cómo analizar a un testigo y determinar si miente o no, concluye: «Los anales de la guerra militar apenas permiten un ejemplo de similar constancia heroica, paciencia e inquebrantable valor. Ellos tenían todos los motivos posibles para examinar con cuidado los fundamentos de su fe, y las evidencias sobre los grandes hechos y verdades que sostenían»[17].

El profesor de Historia Lynn Gardner pregunta como es debido: «¿Por qué habrían de morir por lo que sabían que era mentira? A una persona la podrían engañar y morir por una falsedad. Sin embargo, los apóstoles conocían la realidad de los hechos acerca de la resurrección de Jesús, y aun así, murieron defendiéndola»[18].

Tom Anderson, ex presidente de la Asociación de Abogados de California, declara: «Supongamos que las narraciones escritas de sus apariciones a cientos de personas sean falsas. Quiero plantear una pregunta. Con un hecho tan bien divulgado, ¿no cree que es razonable que un historiador, un testigo ocular, un antagonista registre para siempre que había visto el cuerpo de Cristo? [...] El silencio de la historia es ensordecedor cuando se trata de los testimonios en contra de la resurrección»[19].

J.P. Moreland destaca: «No conozco ningún historiador que dude que el cristianismo comenzó en Jerusalén solo una semanas después de la muerte de Jesús ante testigos presenciales, tanto favorables como hostiles»[20]. Además de esto, como William Lane Craig, profesor investigador de filosofía en la Escuela de Teología Talbot, sostiene: «La ubicación de la tumba de Jesús era conocida tanto por los cristianos como por los judíos. Por lo tanto, si no hubiera estado vacía, habría sido imposible que un movimiento fundado en la creencia de la resurrección surgiera en la misma ciudad donde aquel hombre había sido ejecutado y sepultado públicamente»[21].

Los apóstoles pasaron a través de la prueba de la muerte a fin de confirmar la veracidad de lo que proclamaban. Creo que puedo confiar más en su testimonio que en el de la mayoría de las personas que conozco hoy en día. Me aflige encontrar a tantos que no tienen en su vida la convicción suficiente ni para cruzar la calle por defender lo que creen, y mucho menos para morir por ello.

CAPÍTULO 7

¿Para qué sirve un Mesías muerto?

Muchas personas han muerto por causas en las que han creído. En los años sesenta, muchos budistas se prendieron fuego hasta morir a fin de atraer la atención del mundo a las injusticias en el sudeste asiático. A principios de la década de los setenta, un estudiante de San Diego se quemó hasta morir en protesta por la guerra de Vietnam. En septiembre de 2001, varios extremistas musulmanes secuestraron aviones y los estrellaron contra las torres del Centro del Comercio Mundial y el Pentágono con el propósito de causarle daño a una nación que consideraban enemiga de su religión.

Los apóstoles pensaban que tenían una buena causa por la cual morir, pero se quedaron pasmados y desilusionados cuando esa buena causa murió en la cruz. Creían que Él era el Mesías. No consideraban que pudiera morir. Estaban convencidos de que Él era el único que establecería el reino de Dios y gobernaría al pueblo de Israel, y su muerte destrozó sus esperanzas.

A fin de comprender la relación de los apóstoles con Cristo, y por qué la cruz les resultó tan incomprensible, uno debe captar la actitud nacional en cuanto al Mesías en el tiempo de Cristo. Su vida y sus enseñanzas estaban en tremendo conflicto con la comprensión mesiánica de los judíos de esa época. Desde la niñez, a un judío se le enseñaba que cuando viniera el Mesías, sería un líder político victorioso y reinante. Libertaría a los judíos de la esclavitud de los romanos y le restauraría a Israel el lugar que le correspondía como una nación independiente que brillaría como un faro para todo el mundo. Un Mesías sufriente era «extraño por completo a la concepción del oficio del Mesías»[1].

E.F. Scott, profesor del Seminario Teológico Unión, da su narración de la expectante atmósfera en el tiempo de Cristo: «El período era de intenso entusiasmo. Los líderes religiosos encontraban casi imposible refrenar el ardor del pueblo, que esperaba en todas partes la aparición del prometido Libertador. Sin duda, ese estado anímico de expectación se había elevado por los hechos de la historia reciente».

Durante más de una generación, los romanos habían usurpado la libertad judía, y sus medidas de represión avivaban siempre su espíritu de intenso patriotismo. El sueño de una milagrosa liberación, y de un rey mesiánico que la llevara a cabo, asumió un nuevo significado en ese momento crítico; pero en sí mismo no era nada nuevo. Detrás de la efervescencia de la que tenemos evidencias en los Evangelios, podemos discernir un largo período de creciente expectación.

«Para el pueblo en general, el Mesías seguía siendo lo que fue para Isaías y sus contemporáneos: el Hijo de David que traería la victoria y la prosperidad a la nación judía. En vista de las referencias del Evangelio, a duras penas se puede dudar que el concepto popular sobre el Mesías fuera ante todo nacional y político»[2].

El erudito judío Joseph Klausner escribe: «El Mesías no solo llegó a ser cada vez más un sobresaliente gobernador político, sino también un hombre de sobresalientes cualidades morales»[3].

Jacob Gartenhaus, fundador de la Junta Internacional de Misiones Judías, refleja las creencias predominantes en el tiempo de Cristo: «Los judíos aguardaban al Mesías como el que los libraría de la opresión romana [...] La esperanza mesiánica era, en esencia la de una liberación nacional»[4].

La *Enciclopedia Judía* declara que los judíos «anhelaban el libertador prometido de la casa de David, quien los liberaría del yugo del odiado usurpador extranjero, pondría fin al impío gobierno romano y establecería su propio reino de paz y justicia en su lugar»[5].

En ese tiempo los judíos se refugiaban en el Mesías prometido. Los apóstoles sostenían las mismas creencias que las personas que los rodeaban. Como declara Millar Burrows de la Escuela de Divinidades de la Universidad de Yale: «Jesús fue tan diferente a lo que esperaban todos los judíos que fuera el Hijo de David que sus propios discípulos encontraron casi imposible conectar la idea del Mesías con Él»[6]. Los discípulos nunca estuvieron dispuestos a recibir las graves predicciones de Jesús sobre su crucifixión (véase Lucas 9:22). A.B. Bruce, profesor escocés de Nuevo Testamento, observa que «parecen haber tenido la esperanza de que Él hubiera tomado un punto de vista demasiado sombrío sobre la situación, y que sus aprensiones resultarían infundadas [...] un Cristo crucificado era un escándalo y una contradicción para los apóstoles; tanto como lo sigue siendo para la mayoría del pueblo judío después que el Señor ascendió a la gloria»[7].

Alfred Edersheim, quien fuera conferenciante de Grinfield sobre la Septuaginta en la Universidad de Oxford, tuvo razón al sostener que «lo más diferente a Cristo que ha habido, fueron sus propios tiempos»[8]. La realidad de su persona era distinta por completo a las elevadas expectativas de la época.

En el Nuevo Testamento podemos ver con facilidad la actitud de los apóstoles hacia Cristo. Todo acerca de Él reunía sus expectativas de un Mesías reinante. Después que Jesús les dijo que tenía que ir a Jerusalén y sufrir, Jacobo y Juan pasaron por alto la sombría predicción y le pidieron que les prometiera que en su reino ellos se sentarían a su derecha y a su izquierda (véase Marcos 10:32-38). ¿En qué tipo de Mesías estaban pensando: en un Mesías sufriente y crucificado? No. Veían a Jesús como un gobernante político. Él les indicó que habían malinterpretado lo que tenía que hacer; no sabían lo que le pedían. Cuando predijo de manera explícita su sufrimiento y crucifixión, la idea era tan ajena para la mentalidad de los apóstoles que no podían adivinar lo que significaba (véase Lucas 18:31-34). Debido a sus antecedentes y preparación en la expectación general mesiánica de los judíos, pensaban que estaban participando en algo que iba a terminar bien. Entonces llegó el Calvario. Todas las esperanzas de que Jesús fuera su Mesías murieron en la cruz. Regresaron a sus hogares, desalentados por todos aquellos años desperdiciados con Jesús.

George Eldon Ladd, ex profesor de Nuevo Testamento en el Seminario Teológico Fuller, escribe: «Esta es también la razón por la cual sus discípulos lo abandonaron cuando lo arrestaron. Sus mentes estaban tan imbuidas por completo con la idea de un Mesías conquistador cuya función fuera la de someter a sus enemigos que cuando lo vieron quebrantado y sangrante por los azotes, convertido en un indefenso prisionero en manos de Pilato, y cuando vieron que se lo llevaban y lo clavaban en una cruz para morir como un delincuente común, se destrozaron todas las esperanzas mesiánicas que tenían en Jesús. Es un acertado hecho psicológico el que solo escuchamos lo que estamos dispuestos a escuchar. Las predicciones de Jesús acerca de su sufrimiento y muerte cayeron en oídos sordos. Los discípulos, a pesar de sus advertencias, no estaban preparados para esto»[9].

Sin embargo, unas semanas después de la crucifixión, pese a sus antiguas dudas, los discípulos fueron a Jerusalén, proclamando a Jesús como Salvador y Señor, el Mesías de los judíos. La única explicación razonable que puedo ver para este cambio es lo que leo en 1 Corintios 15:5: «Primero se le apareció a Pedro, y después a los doce apóstoles» (TLA). ¿Qué otra cosa podría haber causado que los desanimados discípulos salieran, sufrieran y murieran por un Mesías crucificado? Jesús «se les presentó en persona, dándoles así claras pruebas de que estaba vivo. Durante cuarenta días se dejó ver de ellos y les estuvo hablando del reino de Dios» (Hechos 1:3, DHH).

Aquellos hombres habían aprendido la verdad acerca de la identidad de Jesús como Mesías. Los judíos no lo habían comprendido. Su patriotismo nacional los llevaba a buscar un Mesías para su nación. Lo que vino en su lugar fue un Mesías para el mundo. Un Mesías que no salvaría solo a una nación de la opresión política, sino a toda la humanidad de las consecuencias eternas del pecado. La visión de los apóstoles era demasiado pequeña. De repente, vieron la verdad mayor.

Sí, muchas personas han muerto por una buena causa, pero la buena causa de los apóstoles murió en la cruz. Al menos, eso fue lo que pensaron al principio. Solo su contacto con Cristo después de la Resurrección convenció a esos hombres que Él era en realidad el Mesías. A favor de esto no testificaron solo con sus labios y con su vida, sino también con su muerte.

CAPÍTULO 8

¿Se enteró de lo que le ocurrió a Saulo?

Jack, un amigo mío cristiano que ha hablado en muchas universidades, llegó una mañana a un campus para descubrir que los estudiantes habían hecho arreglos a fin de que tuviera una discusión pública aquella misma noche con «el ateo de la universidad». Su oponente era un elocuente profesor de filosofía que era muy opuesto al cristianismo. Jack fue el primero en hablar. Analizó varias pruebas a favor de la resurrección de Jesús, así como también la conversión del apóstol Pablo, y luego dio su testimonio personal acerca de cómo Cristo cambió su vida cuando era un estudiante universitario.

Cuando el profesor de filosofía se paró a hablar, estaba bastante nervioso. No podía refutar las evidencias a favor de la Resurrección ni el testimonio personal de Jack, así que atacó la radical conversión de Pablo al cristianismo. Usó el argumento de que «las personas a menudo pueden llegar a estar tan involucradas de manera filosófica en lo que combaten que terminan aceptándolo».

Mi amigo sonrió con amabilidad y respondió: «Es mejor que tenga cuidado, señor, o es probable que se haga cristiano».

La historia del apóstol Pablo es uno de los testimonios de mayor influencia para el cristianismo. Saulo de Tarso, quizá el más rabioso adversario del cristianismo naciente, se convirtió en el apóstol Pablo, el más dinámico e influyente portavoz del nuevo movimiento. Pablo era un hebreo fanático; un líder religioso. Su nacimiento en Tarso le había puesto en contacto con los conocimientos más avanzados de su época. Tarso era una ciudad universitaria conocida por sus filósofos estoicos y su cultura. Estrabón, el geógrafo griego, alabó a Tarso por su ávido interés en la educación y la filosofía[1].

Pablo, al igual que su padre, poseía la ciudadanía romana, un alto privilegio. Pablo parecía ser bien versado en la cultura y el pensamiento helenísticos. Tenía un gran dominio del idioma griego y mostraba excelente habilidad dialéctica. A menudo mencionaba a los poetas y filósofos menos conocidos. En uno de sus sermones, Pablo cita y hace referencia a Epiménides, Arato y Cleantes: «Puesto que en él vivimos, nos movemos y existimos». Como algunos de sus propios poetas griegos han dicho: «De él somos descendientes» (Hechos 17:28). En una carta, Pablo cita a Menandro: «No se dejen engañar: «Las malas compañías corrompen las buenas costumbres» (1 Corintios 15:33). En una carta posterior a Tito, Pablo cita de nuevo a Epiménides: «Fue precisamente uno de sus propios profetas el que dijo: «Los cretenses son siempre mentirosos, malas bestias, glotones perezosos» (Tito 1:12).

La educación de Pablo fue judía y se llevó a cabo bajo las estrictas doctrinas de los fariseos. Cuando Pablo tenía unos catorce años, lo enviaron a estudiar bajo la tutela de Gamaliel, el nieto de Hillel y uno de los eminentes rabinos de la época. Pablo aseguró que no solo era fariseo, sino también hijo de fariseos (véase Hechos 23:6, RV-60). Se podía jactar: «En la práctica del judaísmo, yo aventajaba a muchos de mis contemporáneos en mi celo exagerado por las tradiciones de mis antepasados» (Gálatas 1:14).

A fin de comprender la conversión de Pablo, es necesario ver por qué era un anticristiano tan vehemente. Fue su devoción a la ley judía lo que provocó su inflexible oposición a Cristo y a la Iglesia naciente. «Lo que ofendía [a Pablo] en el mensaje cristiano no era», como escribe el teólogo francés Jacques Dupont, «el que afirmara que Jesús era el Mesías, [sino] [...] el que le atribuyeran un papel salvador que le quitaba a la ley todo su valor dentro del propósito de la salvación [...] [Pablo era] violentamente hostil a la fe cristiana debido a la importancia que le atribuía a la ley como camino de salvación»[2].

La *Enciclopedia Británica* declara que los miembros de la nueva secta del judaísmo se auto-denominaban cristianos y atacaban la esencia de la preparación judía y los estudios rabínicos de Pablo[3]. Así se desarrolló en él la pasión por exterminar a esta secta (véase Gálatas 1:13). Por lo tanto, Pablo comenzó su persecución hasta la muerte de todos los cristianos (véase Hechos 26:9-11). Su ensañamiento comenzó a destruir a la Iglesia (véase Hechos 8:3). Partió para Damasco con los documentos que le autorizaban a capturar a los seguidores de Jesús y traerlos de regreso para comparecer ante los tribunales.

Entonces algo le pasó a Pablo. «Saulo [antiguo nombre de Pablo], respirando aún amenazas y muerte contra los discípulos del Señor, vino al sumo sacerdote, y le pidió cartas para las sinagogas de Damasco, a fin de que si hallase algunos hombres o mujeres de este Camino, los trajese presos a Jerusalén. Mas yendo por el camino, aconteció que al llegar cerca de Damasco, repentinamente le rodeó un resplandor de luz del cielo; y cayendo en tierra, oyó una voz que le decía: Saulo, Saulo, ¿por qué me persigues? Él dijo: ¿Quién eres, Señor? Y le dijo: Yo soy Jesús, a quien tú persigues; dura cosa te es dar coces contra el aguijón. Él, temblando y temeroso, dijo: Señor, ¿qué quieres que yo haga? Y el Señor le dijo: Levántate y entra en la ciudad, y se te dirá lo que debes hacer. Y los hombres que iban con Saulo se pararon atónitos, oyendo a la verdad la voz, mas sin ver a nadie. Entonces Saulo se levantó de tierra, y abriendo los ojos, no veía a nadie; así que, llevándole por la mano, le metieron en Damasco, donde estuvo tres días sin ver, y no comió ni bebió.

«Había entonces en Damasco un discípulo llamado Ananías, a quien el Señor dijo en visión: Ananías. Y él respondió: Heme aquí, Señor. Y el Señor le dijo: Levántate, y ve a la calle que se llama Derecha, y busca en casa de Judas a uno llamado Saulo, de Tarso; porque he aquí, él ora, y ha visto en visión a un varón llamado Ananías, que entra y le pone las manos encima para que recobre la vista» (Hechos 9:1-12, RV-60).

A medida que seguimos leyendo, podemos ver por qué los cristianos le temían a Pablo. «Entonces Ananías respondió: Señor, he oído de muchos acerca de este hombre, cuántos males ha hecho a tus santos en Jerusalén; y aun aquí tiene autoridad de los principales sacerdotes para prender a todos los que invocan tu nombre. El Señor le dijo: Ve, porque instrumento escogido me es este, para llevar mi nombre en presencia de los gentiles, y de reyes, y de los hijos de Israel; porque yo le mostraré cuánto le es necesario padecer por mi nombre. Fue entonces Ananías y entró en la casa, y poniendo sobre él las manos, dijo: Hermano Saulo, el Señor Jesús, que se te apareció en el camino por donde venías, me ha enviado para que recibas la vista y seas lleno del Espíritu Santo. Y al momento le cayeron de los ojos como escamas, y recibió al instante la vista; y levantándose, fue bautizado. Y habiendo tomado alimento, recobró fuerzas» (Hechos 9:13-19, RV-60).

Como resultado de esta experiencia, Pablo se consideró testimonio del Cristo resucitado. Más tarde escribió: «Por último, como a uno nacido fuera de tiempo, se me apareció también a mí» (1 Corintios 15:8).

Pablo no solo vio a Jesús, sino que lo vio de una manera irresistible. La proclamación del evangelio no era una opción, sino una necesidad. «Cuando predico el evangelio, no tengo de qué enorgullecerme, ya que estoy bajo la obligación de hacerlo» (1 Corintios 9:16).

Note que el encuentro de Pablo con Jesús y su posterior conversión fueron repentinos e inesperados: «una intensa luz del cielo relampagueó de repente a mi alrededor» (Hechos 22:6). No tenía idea de quién sería aquella persona celestial. Cuando la voz le anunció que Él era Jesús de Nazaret, Pablo se quedó atónito y empezó a temblar.

Quizá no sepamos todos los detalles ni lo psicológico de lo que le pasó a Pablo en el camino a Damasco, pero sabemos esto: Aquella experiencia causó un giro total en todos los aspectos de su vida.

En primer lugar, el carácter de Pablo se transformó de manera radical. La Enciclopedia Británica lo describe antes de su conversión como un fanático religioso intolerante, amargado, perseguidor, orgulloso y temperamental. Después de su conversión lo muestra como paciente, amable, sufrido y abnegado[4]. Kenneth Scott Latourette dice: «No obstante, lo que integró la vida de Pablo y elevó a su casi neurótico temperamento de la oscuridad a una influencia duradera fue una experiencia religiosa profunda y revolucionaria»[5].

En segundo lugar, se transformó la relación de Pablo con los seguidores de Jesús. Dejaron de temerle. Pablo «pasó varios días con los discípulos que estaban en Damasco» (Hechos 9:19). Y cuando se fue a reunir con los otros apóstoles, estos lo aceptaron (Hechos 19:27-28).

En tercer lugar, se transformó el mensaje de Pablo. Aunque todavía amaba su herencia judía, de acérrimo opositor de la fe cristiana había pasado a ser uno de sus más resueltos protagonistas: «Y enseguida se dedicó a predicar en las sinagogas, afirmando que Jesús es el Hijo de Dios» (Hechos 9:20). Cambiaron sus convicciones intelectuales. Su experiencia lo obligaba a reconocer que Jesús era el Mesías, en franco conflicto con las ideas mesiánicas de los fariseos. Su nueva perspectiva acerca de Cristo significaba una revolución total en su pensamiento[6]. Jacques Dupont de manera aguda observa con perspicacia que después que Pablo «había negado con pasión que un crucificado pudiera ser el Mesías, llegó a reconocer que Jesús era en realidad el Mesías y, como consecuencia, reconsideró todas sus ideas mesiánicas»[7].

Además, Pablo ahora podía comprender que la muerte de Cristo en la cruz, que parecía ser una maldición de Dios y un deplorable final para una vida, era en realidad la reconciliación de Dios con el mundo por medio de Cristo. Pablo llegó a entender que a través de la crucifixión, Cristo llevó la maldición del pecado sobre sí mismo por nosotros (véase Gálatas 3:13) y que «Dios tomó a Cristo, que no tenía pecado, y arrojó sobre Él nuestros pecados. ¡Y luego, para colmo de maravilla, nos declaró justos; nos justificó!» (2 Corintios 5:21, LBD). En lugar de ver la muerte de Cristo como una derrota, la vio como una gran victoria, completada por la Resurrección. La cruz ya no era una piedra de tropiezo, sino la esencia de la redención mesiánica de Dios. La predicación misionera de Pablo se puede resumir como que «les explicaba y demostraba que era necesario que el Mesías padeciera y resucitara. Les decía: "Este Jesús que les anuncio es el Mesías"» (Hechos 17:3).

En cuarto lugar, se transformó la misión de Pablo. Pasó de ser enemigo de los gentiles, a ser misionero entre ellos. Cambió de un judío fanático a un evangelista para los no judíos. Como un judío y fariseo, Pablo despreciaba a los gentiles como inferiores al pueblo escogido de Dios. La experiencia en Damasco lo transformó en un fervoroso apóstol cuya misión en la vida se encaminaba a ayudar a los gentiles. Pablo veía que el Cristo que se le apareció era en realidad el Salvador de todos los seres humanos. Pablo pasó de ser un fariseo ortodoxo cuya misión era preservar el judaísmo estricto a ser un propagador de la nueva y radical secta llamada cristianismo, a la que se había opuesto con tanta violencia. El cambio en él fue tan profundo que «todos los que le oían se quedaban asombrados, y preguntaban: «"¿No es este el que en Jerusalén perseguía a muerte a los que invocan ese nombre? ¿Y no ha venido aquí para llevárselos presos y entregarlos a los jefes de los sacerdotes?"» Pero Saulo cobraba cada vez más fuerza y confundía a los judíos que vivían en Damasco, demostrándoles que Jesús es el Mesías» (Hechos 9:21-22).

El historiador Philip Schaff declara: «La conversión de Pablo no solo marca un momento decisivo en su historia personal, sino también una importante época en la historia de la iglesia apostólica y, por consiguiente, en la historia de la humanidad. Fue el más fructífero acontecimiento desde el milagro de Pentecostés, y aseguró la victoria universal del cristianismo»[8].

Un día, durante un almuerzo en la Universidad de Houston, me senté junto a un estudiante. Mientras hablábamos del cristianismo, me señaló que no existían evidencias históricas a favor del cristianismo ni de Cristo. Le pregunté por qué pensaba eso. Era licenciado en historia y entre sus libros de texto estaba uno de historia romana que contenía un capítulo que se ocupaba del apóstol Pablo y del cristianismo. Al leer el capítulo, el estudiante había encontrado que comenzaba describiendo la vida de Saulo de Tarso y terminaba describiendo la vida del apóstol Pablo. El libro declaraba que no estaba claro lo que había ocasionado el cambio. Me dirigí al libro de Hechos y le expliqué la aparición de Cristo a Pablo después de su resurrección. El estudiante vio de inmediato que esta era la explicación más lógica para la conversión radical de Pablo. Esta pequeña evidencia faltante hizo que las piezas cayeran en su lugar para este joven. Más tarde se hizo cristiano.

Elías Andrews, ex director de *Queens Theological College*, comenta: «Muchos han encontrado en la radical transformación de este «fariseo de fariseos» la más convincente evidencia de la verdad y el poder de la religión a la que se convirtió, así como también al supremo valor y lugar de la Persona de Cristo»[9]. Archibald McBride, quien fuera profesor en la Universidad de Aberdeen, escribe acerca de Pablo: «Al lado de sus logros [...] las hazañas de Alejandro y Napoleón son insignificantes»[10]. Clemente de Alejandría, uno de los primeros eruditos cristianos, dice que Pablo «soportó las cadenas siete veces; predicó el evangelio en el este y el oeste; llegó a los confines del oeste; y murió como mártir bajo los gobernantes»[11].

Pablo declaró una y otra vez que la vida del Jesús resucitado había transformado su vida. Estaba tan convencido de la resurrección de Cristo de los muertos que él, también, murió como mártir por sus creencias.

Dos amigos educados en Oxford, el autor Gilbert West y el estadista Lord George Lyttleton, estaban decididos a destruir la base de la fe cristiana. West iba a demostrar la falacia de la Resurrección, y Lyttleton iba a probar que Saulo de Tarso nunca se convirtió al cristianismo. Ambos hombres llegaron a un giro total en sus posiciones y se convirtieron en fervientes seguidores de Jesús. Lord Lyttleton escribe: «La conversión y el apostolado de San Pablo, debidamente considerados, son en sí mismos una demostración suficiente que confirma que el cristianismo es una revelación divina»[12]. Afirma que si los veinticinco años que Pablo sufrió y sirvió por Cristo fueron reales, su conversión era cierta, pues todo lo que hizo comenzó con ese cambio repentino. Y si la conversión de Pablo era cierta, Jesucristo resucitó de entre los muertos, pues todo lo que Pablo fue e hizo se lo atribuyó al hecho de haber visto al Cristo resucitado.

CAPÍTULO 9

¿Se puede doblegar a un hombre bueno?

Un estudiante en la Universidad de Uruguay me preguntó: «Profesor McDowell, ¿por qué usted no pudo encontrar alguna manera de refutar el cristianismo?».

Le respondí: «Por un sencillo motivo. No logré dar razones convincentes contra el hecho de que la resurrección de Jesucristo fue un acontecimiento histórico real».

Después de pasar más de setecientas horas estudiando este tema e investigando de manera exhaustiva sus fundamentos, llegué a la conclusión de que la resurrección de Jesucristo o bien es uno de los más malvados, crueles y despiadados engaños jamás impuestos a la humanidad o es el hecho más importante en la historia.

La Resurrección saca del campo filosófico la pregunta «¿Es válido el cristianismo?» y la coloca en la historia: ¿Tiene el cristianismo una sólida base histórica? ¿Contamos con evidencias suficientes para garantizar la creencia en la Resurrección?

He aquí algunos de los asuntos y declaraciones relevantes a la pregunta: A Jesús de Nazaret, un profeta judío que afirmaba ser el Cristo profetizado en las Escrituras judías, lo arrestaron, lo juzgaron por ser un delincuente político y lo crucificaron. Tres días después de su muerte y sepultura, unas mujeres fueron a su tumba y descubrieron que no estaba el cuerpo. Los discípulos de Cristo declararon que Dios lo había resucitado de los muertos y que Él se les había aparecido muchas veces antes de ascender al cielo.

A partir de esta base, el cristianismo se esparció por todo el Imperio Romano y ha continuado ejerciendo gran influencia en el mundo entero a través de todos los siglos.

La gran pregunta es: ¿Sucedió en realidad la Resurrección?

La sepultura de Jesús

Después que a Jesús lo condenaron a muerte, le despojaron de sus ropas y lo azotaron, según la costumbre romana, antes de la crucifixión.

Alexander Metherell, quien posee un título de médico de la Universidad de Miami y un doctorado en ingeniería de la Universidad de Bristol en Inglaterra, realiza un detallado examen de la flagelación de Cristo a manos de los romanos. Explica el proceso: «El soldado usaba un látigo con tiras de cuero trenzado con bolas de metal entretejidas en él. Cuando el látigo golpeaba la carne, esas bolas provocaban moretones o contusiones, las cuales se abrían con los demás golpes. Y el látigo también tenía pedazos de hueso afilados, los cuales cortaban profundamente la carne».

La espalda quedaba tan desgarrada que la espina dorsal a veces quedaba expuesta debido a los cortes tan profundos. Los latigazos iban desde los hombros pasando por la espalda, los glúteos y las piernas. Era terrible [...]

Un médico que estudió las golpizas romanas observó: «Mientras continuaba la flagelación, las laceraciones rasgaban hasta los músculos y producían jirones temblorosos de carne sangrante». Un historiador del siglo III llamado Eusebio describió una flagelación de la siguiente manera: «Las venas de la víctima quedaban al descubierto y los mismos músculos, tendones y las entrañas quedaban abiertos y expuestos».

«Sabemos que muchas personas morían a causa de este tipo de castigo incluso antes que se las pudiera crucificar. Cuando menos, la víctima pasaba por unos dolores horribles y entraba en una conmoción de tipo hipovolémico»[1].

De acuerdo con las costumbres judías de dar sepultura, al cuerpo de Jesús lo envolvieron en un lienzo. A las vendas que rodeaban el cuerpo se les aplicaron unos treinta y cuatro kilos de especias aromáticas mezcladas hasta convertirlas en una sustancia pegajosa (véase Juan 19:39-40). Después de colocar el cuerpo en un sepulcro abierto en la roca, se hizo rodar por medio de palancas hasta la entrada una gran piedra que pesaba alrededor de dos mil kilos (véase Mateo 27:60).

Una guardia romana compuesta de hombres de estricta disciplina quedó apostada en el lugar para vigilar la tumba. El temor al castigo entre estos hombres «producía perfecta atención al deber, sobre todo en las vigilias de la noche»[2]. Esta guardia fijaba en el sepulcro el sello romano, un sello que indicaba la autoridad y el poder de Roma[3]. El sello tenía la intención de evitar el vandalismo. Cualquiera que tratara de mover la piedra de la entrada del sepulcro, tendría que romper el sello y de ese modo traería sobre sí la ira de la ley romana. Sin embargo, a pesar de la guardia y del sello, el sepulcro terminó estando vacío.

El sepulcro vacío

Los seguidores de Jesús afirmaron que Él resucitó de los muertos. Informaron que se les apareció en un período de cuarenta días, mostrándoseles mediante muchas pruebas convincentes (algunas versiones de la Biblia dicen «pruebas indubitables»; véase Hechos 1:3, RV-60). El apóstol Pablo dijo que Jesús se le apareció a más de quinientos de sus seguidores a la vez, la mayoría de los cuales todavía vivían y podían confirmar lo que él había escrito (véase 1 Corintios 15:3-8).

Arthur Michael Ramsey, ex arzobispo de Canterbury, escribe: «Creo en la Resurrección, en parte debido a que una serie de hechos son inexplicables sin ella»[4]. El sepulcro vacío fue «demasiado notorio para que se negara»[5]. El teólogo alemán Paul Althaus declara que la declaración de la Resurrección «no se habría podido sostener en Jerusalén un solo día; ni siquiera una sola hora, si la realidad del sepulcro vacío no hubiera quedado demostrada ante todos los interesados»[6].

Paul L. Maier sostiene: «Si todas las evidencias se evalúan con cuidado y de manera imparcial, de seguro que es ciertamente justificable llegar a la conclusión de que [el sepulcro de Jesús] estaba vacío en realidad [...] Y ni una pizca de evidencia se ha descubierto aún en fuentes literarias, epigráficas, ni arqueológicas que refute esta declaración»[7].

¿Cómo podemos explicar el sepulcro vacío?

Basados en las abrumadoras evidencias históricas, los cristianos creen que Jesús resucitó de manera corporal en el tiempo y el espacio adecuados mediante el poder sobrenatural de Dios. Las dificultades para creer quizá sean grandes, pero los problemas inherentes a la incredulidad son aun mayores.

La situación en el sepulcro después de la Resurrección es importante. El sello romano estaba roto, lo cual significaba la crucifixión automática de cabeza para quienquiera que lo hubiera roto. La inmensa piedra no solo había sido movida de la entrada, sino de todo el sepulcro, dando la impresión de que la habían levantado y retirado[8]. El destacamento de guardia había huido. El emperador de la Roma bizantina Justiniano, en su *Digesto* 49:16 enumera dieciocho ofensas por las que podrían ejecutar a una unidad de la guardia romana. Estas incluían quedarse dormido o abandonar una posición indefensa.

Las mujeres vinieron y encontraron el sepulcro vacío. Se asustaron y regresaron para decírselo a los hombres. Pedro y Juan corrieron al sepulcro. Juan llegó primero, pero no entró. Miró hacia dentro y vio la mortaja, un poco abierta, pero vacía. El cuerpo de Cristo pasó justo delante de ellos a una nueva existencia. Reconozcámoslo; una visión como esa haría de cualquiera un creyente.

Teorías alternativas a la Resurrección

Muchas personas han desarrollado teorías alternativas a fin de explicar la Resurrección, pero las teorías son demasiado artificiales e ilógicas cuando se comparan con las afirmaciones del cristianismo que su misma debilidad lo que hace es ayudar a que aumente la confianza en la realidad de la Resurrección.

La teoría de la tumba equivocada

Una teoría propugnada por el erudito bíblico británico Kirsopp Lake da por sentado que las mujeres que informaron sobre la desaparición del cuerpo fueron por error a la tumba equivocada esa mañana. Si es así, los discípulos que acudieron a verificar la historia de las mujeres deben haber ido también a la tumba equivocada. No puede ser cierto, sin embargo, que las autoridades judías, que pidieron que la guardia romana se apostara en la tumba a fin de impedir el robo del cuerpo, se hubieran equivocado en cuanto a la ubicación. Los guardias romanos no se habrían equivocado tampoco, pues estaban allí. Si estaba involucrada una tumba equivocada, las autoridades judías no habrían perdido el tiempo para presentar el cuerpo de la tumba apropiada, aplacando de este modo para siempre y con eficacia cualquier rumor sobre una resurrección.

La teoría de la alucinación

Otro intento de explicación afirma que las apariciones de Jesús después de la Resurrección fueron ilusiones o alucinaciones. Esta teoría va en contra de los principios psicológicos que rigen la frecuencia de las alucinaciones. No es creíble pensar que quinientas personas pudieran haber visto la misma alucinación durante cuarenta días. Además, la teoría de la alucinación no coincide con la situación histórica ni con el estado mental de los apóstoles.

Por lo tanto, ¿dónde estaba el verdadero cuerpo de Jesús y por qué los que se le oponían no lo presentaron?

La teoría del desmayo

El racionalista alemán del siglo diecinueve, Karl Venturini, popularizó hace varios siglos la teoría del desmayo, y a menudo se sugiere incluso hoy en día. Esta afirma que Jesús no murió en realidad; solo se desmayó por agotamiento y pérdida de sangre. Todo el mundo pensaba que estaba muerto, pero más tarde revivió y los discípulos creyeron que era una resurrección.

El teólogo alemán David Friedrich Strauss, quien no creía en la Resurrección, asestó un golpe mortal a cualquier pensamiento de que Jesús podía haber revivido de un desmayo: «Es imposible que un ser humano al que se roban del sepulcro medio muerto, arrastrándose débil y enfermo, urgido de tratamiento médico, de vendajes, fortalecimiento y ayuda, y que aun así, al final sucumbiera ante sus sufrimientos, les diera a sus discípulos la impresión de que había vencido la muerte y la tumba, de que era el Autor de la Vida, impresión que se constituye en la base del ministerio futuro de ellos. Esta reanimación solo les habría podido debilitar la impresión que tenían sobre Él en vida y en muerte; solo les habría podido dar una voz elegíaca, pero no les habría dado la posibilidad de cambiar su sufrimiento en entusiasmo, ni de elevar su reverencia al nivel de la adoración»[9].

La teoría del cuerpo robado

Otra teoría sostiene que los discípulos robaron el cuerpo de Jesús mientras dormían los guardias. La depresión y la cobardía de los discípulos asestan un duro golpe al argumento en su contra. ¿Nos podemos imaginar que de repente se volvieran tan valientes y audaces como para enfrentar un destacamento de soldados escogidos en la tumba y robar el cuerpo? No tenían el estado de ánimo para intentar algo semejante.

Comentando sobre la proposición de que los discípulos robaron el cuerpo de Cristo, J.N.D. Anderson dice: «Esto sería contrario por completo a todo lo que sabemos de ellos: su enseñanza ética, la calidad de su vida, su firmeza en medio del sufrimiento y la persecución. Tampoco parece comenzar siquiera a explicar su espectacular transformación de desanimados y desalentados escapistas, en testigos que ningún enemigo podría amordazar»[10].

La teoría del cuerpo cambiado de sitio

Otra teoría dice que las autoridades romanas o judías cambiaron el cuerpo de Cristo a otra tumba. Esta explicación no es más razonable que la teoría del cuerpo robado. Si las autoridades tenían en su posesión el cuerpo o sabían dónde estaba, ¿por qué no explicaron que se lo habían llevado, con lo que le pondrían un eficaz punto final a la predicación de la Resurrección en Jerusalén? Si las autoridades se llevaron el cuerpo, ¿por qué no explicaron con exactitud dónde lo pusieron? ¿Por qué no recuperaron el cadáver, lo mostraron en un carro y lo sacaron rodando por el centro de Jerusalén? Tal acción habría destruido por completo al cristianismo.

John Warwick Montgomery comenta: «Sobrepasa los límites de la credibilidad el que los primeros cristianos pudieran haber fabricado un cuento y luego predicarlo entre los que les sería fácil refutarlo solo con presentar el cuerpo de Jesús»[11].

Evidencias a favor de la Resurrección

El profesor Thomas Arnold, autor de la famosa obra en tres volúmenes *Historia de Roma* y director de historia moderna en Oxford, estaba bien familiarizado con el valor de las evidencias en la determinación de los hechos históricos. Decía: «Durante muchos años he tenido la costumbre de estudiar las historias de otros tiempos, y al examinar

y sopesar las evidencias de lo que se ha escrito acerca de ellos, no conozco ningún hecho en la historia de la humanidad que esté mejor probado y con mayores evidencias de todo tipo para la comprensión de un investigador justo, que la gran señal que Dios nos ha dado de que Cristo murió y se levantó de nuevo de entre los muertos»[12].

El erudito británico Brooke Foss Westcott, quien fuera profesor de divinidades en la Universidad de Cambridge, dijo: «Si se reúnen todas las evidencias, no es exagerado decir que no existe ningún incidente histórico mejor sustentado ni de manera más diversa que la resurrección de Cristo. Solo una suposición previa sobre su falsedad habría podido sugerir la idea de que existen deficiencias en su demostración»[13].

William Lane Craig afirma que «cuando uno [...] [usa] los cánones comunes de valoración histórica, la mejor explicación para los hechos es que Dios resucitó a Jesús de los muertos»[14].

Simon Greenleaf tuvo una de las mentes más extraordinarias producidas en los Estados Unidos. Fue el famoso Profesor de Derecho Real en la Universidad de Harvard y sucedió al magistrado Joseph Story como Profesor de Derecho Danés en la misma universidad. Mientras estaba en Harvard, escribió un volumen en el que examina el valor legal del testimonio de los apóstoles a favor de la

resurrección de Cristo. Observa que es imposible que los apóstoles «pudieran haber persistido en afirmar las verdades que habían narrado, si Jesús no hubiera resucitado en realidad de los muertos, ni conocieran este hecho con tanta certeza como no conocían ningún otro hecho»[15]. Greenleaf llega a la conclusión de que la resurrección de Cristo es uno de los hechos mejor demostrados de la historia de acuerdo con las leyes sobre evidencias legales utilizadas en los tribunales de justicia.

Muchos consideran a Sir Lionel Luckhoo el más exitoso abogado del mundo después de la absolución de doscientas cuarenta y cinco sentencias de muerte. Este brillante abogado analizó con rigor los hechos históricos de la resurrección de Cristo y al final declaró: «Afirmo inequívocamente que las evidencias a favor de la resurrección de Jesucristo son tan abrumadoras, que obligan a aceptarla mediante unas pruebas que no dejan absolutamente ningún lugar a dudas»[16].

Frank Morison, otro abogado británico, empezó a refutar las evidencias a favor de la Resurrección. Pensaba que la vida de Jesús era una de las más bellas que se hubieran vivido jamás, pero cuando llegó a la Resurrección, Morison dio por sentado que alguien apareció y le agregó un mito a la historia. Planeaba escribir una narración de los últimos días de Jesús, prescindiendo de la

Resurrección. Como abogado, creía que un enfoque inteligente y racional de la historia no le prestaría atención alguna a tal acontecimiento. Sin embargo, cuando les aplicó su preparación legal a los hechos, tuvo que cambiar de opinión. En lugar de una refutación de la Resurrección, al final escribió el éxito de librería *¿Quién movió la piedra?* El primer capítulo lo tituló «El libro que se negó a ser escrito». El resto del libro confirma de manera concluyente la validez de la evidencia para la resurrección de Cristo[17].

George Eldon Ladd concluye: «La única explicación racional para esos hechos históricos es que Dios resucitó a Jesús de forma corporal»[18]. En la actualidad, los que creen en Jesucristo pueden tener la completa seguridad, como la tuvieron los primeros cristianos, de que su fe no está basada en mitos ni leyendas, sino en el sólido hecho histórico del Cristo resucitado y el sepulcro vacío.

Gary Habermas, un distinguido profesor y presidente del departamento de filosofía y teología en la *Liberty University*, debatió con Anthony Flew, un destacado filósofo ateo, sobre el tema «¿Se levantó Cristo de entre los muertos?». Un juez profesional de debates al que se le pidió que evaluara la discusión, llegó a esta conclusión: «Las evidencias históricas, aunque imperfectas, son lo suficientemente fuertes como para que las mentes sensatas lleguen a la conclusión de que es cierto que Cristo resucitó de entre los muertos [...] Habermas termina proporcionando «evidencias muy probables» a favor de la historicidad de la resurrección sin que se presentara ninguna evidencia naturalista plausible en su contra»[19].

Lo más importante de todo es que los creyentes pueden experimentar el poder del Cristo resucitado en sus vidas hoy. En primer lugar, pueden saber que sus pecados son perdonados (véanse Lucas 24:46-47; 1 Corintios 15:3). En segundo lugar, pueden estar seguros de la vida eterna y su propia resurrección de la tumba (véase 1 Corintios 15:19-26). En tercer lugar, pueden ser libres de una vida sin sentido y vacía y transformarse en nuevas criaturas en Jesucristo (véanse Juan 10:10; 2 Corintios 5:17).

¿Cuál es su evaluación y decisión? ¿Qué cree acerca del sepulcro vacío? Una vez examinadas las evidencias desde una perspectiva judicial, Lord Darling, ex presidente del tribunal supremo de Inglaterra, llegó a la conclusión de que «existen pruebas tan abrumadoras, positivas y negativas, fácticas y circunstanciales, que ningún tribunal inteligente en el mundo podría dejar de señalar en un veredicto que la historia de la resurrección es cierta»[20].

CAPÍTULO 10

¿Se podría poner de pie el verdadero Mesías?

De todas las credenciales que tenía Jesús a fin de apoyar sus afirmaciones de ser el Mesías y el Hijo de Dios, a menudo se pasa por alto una de las más profundas: cómo su vida cumplió tantas profecías antiguas. En este capítulo nos ocuparemos de este asombroso hecho.

Una y otra vez Jesús recurrió a las profecías del Antiguo Testamento con el propósito de respaldar sus declaraciones. Gálatas 4:4 dice: «Cuando se cumplió el plazo, Dios envió a su Hijo, nacido de una mujer, nacido bajo la ley». Aquí tenemos referencia a las profecías que se han cumplido en Jesucristo. «Entonces, comenzando por Moisés y por todos los profetas, les explicó lo que se refería a él en todas las Escrituras» (Lucas 24:27). Jesús les dijo: «Cuando todavía estaba yo con ustedes, les decía que tenía que cumplirse todo lo que está escrito acerca de mí en la ley de Moisés, en los profetas y en los salmos» (Lucas 24:44). Dijo: «Si le creyeran a Moisés, me creerían a mí, porque de mí escribió él» (Juan 5:46). Dijo: «Abraham, el padre de ustedes, se regocijó al pensar que vería mi día; y lo vio y se alegró» (Juan 8:56).

Los apóstoles y los escritores del Nuevo Testamento también apelaban sin cesar a las profecías cumplidas a fin de respaldar las afirmaciones de Jesús como el Hijo de Dios, el Salvador y el Mesías. «Dios cumplió lo que de antemano había anunciado por medio de todos los profetas: que su Mesías tenía que padecer» (Hechos 3:18). «Como era su costumbre, Pablo entró en la sinagoga y tres sábados seguidos discutió con ellos. Basándose en las Escrituras, les explicaba y demostraba que era necesario que el Mesías padeciera y resucitara. Les decía: «Este Jesús que les anuncio es el Mesías» (Hechos 17:2-3). «Porque ante todo les transmití a ustedes lo que yo mismo recibí: que Cristo murió por nuestros pecados según las Escrituras, que fue sepultado, que resucitó al tercer día según las Escrituras» (1 Corintios 15:3-4).

El Antiguo Testamento contiene sesenta profecías mesiánicas importantes y unas doscientas setenta ramificaciones que se cumplieron en una persona: Jesucristo. Es útil que consideremos todas esas predicciones cumplidas en Cristo como si fueran su «dirección». Se lo explicaré. Es probable que nunca se haya dado cuenta de la importancia de su propio nombre y dirección, pero esos detalles le distinguen de los otros seis mil millones y más de personas que también habitan en este planeta.

Una dirección en la historia

Con incluso mayor detalle, Dios escribió una «dirección» en la historia para distinguir a su Hijo, el Mesías, el Salvador de la humanidad, de todo aquel que ha vivido en la historia: pasada, presente o futura. Los datos concretos de esta dirección se pueden encontrar en el Antiguo Testamento, un documento que fue escrito a lo largo de un período de más de mil años y que contiene más de trescientas referencias a la venida de Cristo. Usando la ciencia de las probabilidades, encontramos que la posibilidad que se cumplan solo cuarenta y ocho de esas profecías en una misma persona es de solo 1 en 10^{157}.

La probabilidad de que la dirección señalada por Dios concuerde con la de un hombre es mucho más complicada debido al hecho de que todas las profecías acerca del Mesías se hicieron al menos cuatrocientos años antes que apareciera Él. Algunos quizá sugieran que esas profecías se escribieron después del tiempo de Cristo y que se fabricaron de acuerdo con los acontecimientos de su vida. Esto tal vez parezca posible hasta que uno se da cuenta de que la Septuaginta, la traducción griega del Antiguo Testamento hebreo, se tradujo alrededor de los años 150-200 a. C. Esto significa que existe una brecha de doscientos años por lo menos entre el momento en que se escribieron las profecías, y su cumplimiento en Cristo.

Sin duda alguna, Dios fue escribiendo en la historia una dirección donde solo su Mesías se podría encontrar. Unos cuarenta hombres han afirmado ser el Mesías judío. Sin embargo, solo uno, Jesucristo, apeló al cumplimiento de las profecías para respaldar sus afirmaciones, y solo sus credenciales confirmaron dichas declaraciones.

¿Cuáles son esas credenciales? ¿Y qué hechos tenían que preceder y coincidir con la aparición del Hijo de Dios?

Para comenzar, debemos volver a Génesis 3:15, donde encontramos la primera profecía mesiánica en la Biblia: «Pondré enemistad entre ti y la mujer, y entre tu simiente y la simiente suya; esta te herirá en la cabeza, y tú le herirás en el calcañar» (RV-60). Esta profecía podía referirse a un único hombre en toda la Escritura. A ningún otro, sino a Jesús, se le puede nombrar como la «simiente» de una mujer. Todos los demás nacidos en la historia proceden de la simiente de un hombre. Otras versiones hacen la misma declaración cuando identifican a este vencedor de Satanás como descendencia de una mujer, cuando en todos los demás casos la Biblia considera la descendencia a través de la línea del hombre. Esta descendencia o «simiente» de una mujer entraría en el mundo y destruiría las obras de Satanás (le aplastaría la cabeza).

En Génesis 9 y 10, Dios acortó aun más la dirección. Noé tenía tres hijos: Sem, Cam y Jafet. Todas las naciones del mundo se pueden remontar a estos tres hombres. Sin embargo, Dios a este efecto eliminó de la línea de Jesús a las dos terceras partes del género humano al especificar que el Mesías vendría a través del linaje de Sem.

Entonces prosiguiendo hasta el año 2000 a. C., encontramos que Dios llamó a un hombre llamado Abraham, de Ur de los caldeos. Con Abraham, Dios llegó a ser más específico, indicando que el Mesías sería uno de sus descendientes. Todas las familias de la tierra serían bendecidas por medio de Abraham (véase Génesis 12:1-3; 17:1-8; 22:15-18). Cuando tuvo dos hijos, Isaac e Ismael, quedaron eliminados muchos de los descendientes de Abraham cuando Dios seleccionó al segundo hijo, Isaac, a fin de que fuera el progenitor del Mesías (véase Génesis 17:19-21; 21:12).

Isaac tuvo dos hijos: Jacob y Esaú. Dios escogió la línea de Jacob (véanse Génesis 28:1-4; 35:10-12; Números 24:17). Jacob tuvo doce hijos, de cuyos descendientes se desarrollaron las doce tribus de

Israel. Entonces Dios seleccionó a la tribu de Judá para Jesús y eliminó once de las doce tribus israelitas. Y de todas las líneas familiares dentro de la raza de los hebreos, de la línea de Isaac, (véase Isaías 11:1-5). Podemos ver la reducción de la dirección.

Isaí tenía ocho hijos, y en 2 Samuel 7:12-16 y Jeremías 23:5 Dios eliminó siete de los ocho hijos de la línea familiar de Isaí al escoger a su hijo David. Por lo tanto, desde el punto de vista del linaje, el Mesías debía nacer de la simiente de una mujer, del linaje de Sem, de la raza de los judíos, de la línea de Isaac, de la línea de Jacob, de la tribu de Judá, de la familia de Isaí y de la casa de David.

En Miqueas 5:2, Dios eliminó todas las ciudades del mundo y seleccionó a Belén, con una población de menos de mil personas, como el lugar del nacimiento del Mesías.

Entonces, a través de una serie de profecías, incluso definió el tiempo en el que se apartaría a este hombre. Por ejemplo, Malaquías 3:1 y otros cuatro versículos del Antiguo Testamento precisan que el Mesías llegaría cuando aún estuviera en pie el templo de Jerusalén (véanse Salmo 118:26; Daniel 9:26; Zacarías 11:13; Hageo 2:7-9)[1]. Esto es de mucha importancia cuando nos damos cuenta de que el templo fue destruido en el año 70 d.C., y que aún no ha sido reconstruido.

Isaías 7:14 añade que el Cristo nacería de una virgen. Un nacimiento natural de una concepción sobrenatural era un criterio que iba más allá de la planificación y el control humano. Varias profecías registradas en Isaías y los Salmos describen el ambiente social y la respuesta que encontraría el hombre de Dios: Su propio pueblo, los judíos, lo rechazarían, y los gentiles creerían en Él (véanse Salmos 22:7-8; 118:22; Isaías 8:14; 49:6; 50:13-15). Tendría un precursor, una voz en el desierto, uno que prepararía el camino ante el Señor, un Juan el Bautista (véanse Isaías 40:3-5; Malaquías 3:1).

Note cómo un pasaje en el Nuevo Testamento (Mateo 27:3-10) hace referencia a ciertas profecías del Antiguo Testamento que precisaban aun más la dirección de Cristo. Mateo describe los hechos que dieron lugar a las acciones de Judas después que traicionó a Jesús. Mateo señala que aquellos hechos se habían predicho en pasajes del Antiguo Testamento (véanse Salmo 41:9; Zacarías 11:12-13)[2]. En estos pasajes, Dios indica que al Mesías (1) lo traicionaría (2) un amigo, (3) por treinta monedas de platas, y que el dinero (4) lo arrojaría al suelo del templo. De este modo, la dirección se va haciendo cada vez más precisa.

Una profecía que data del año 1012 a. C. también predice que le atravesarían las manos y los pies a este hombre y que lo crucificarían (véanse

Salmo 22:6-18; Zacarías 12:10; Gálatas 3:13). Esta descripción del método de su muerte se escribió ochocientos años antes de que los romanos pusieran en vigor la crucifixión.

El linaje preciso; el lugar, el tiempo y el modo del nacimiento; las reacciones de las personas, la traición; la forma de la muerte: estas cosas solo son un fragmento de los cientos de detalles que integran la «dirección» para identificar al Hijo de Dios, el Mesías, el Salvador del mundo.

¿Fue una coincidencia el cumplimiento de estas profecías?

Un crítico puede afirmar: «¡Vaya!, uno puede encontrar algunas de estas profecías cumplidas en Abraham Lincoln, Anwar al-Sadat, John F. Kennedy, la madre Teresa o Billy Graham».

Sí, supongo que uno tenga la posibilidad de encontrar que una o dos profecías coincidan en otras personas, pero no las sesenta profecías principales y otras doscientas setenta ramificaciones. Es más, durante años, la *Christian Victory Publishing Company* de Denver ofreció mil dólares de recompensa a cualquiera que pudiera encontrar a alguna otra persona aparte de Jesús, ya sea viva o muerta, que pudiera cumplir solo la mitad de las profecías mesiánicas bosquejadas en el libro *Messiah in Both Testaments* de Fred John Meldau. Nadie se los ganó.

¿Puede una sola persona cumplir todas las profecías del Antiguo Testamento? En su libro *Science Speaks*, Peter Stoner y Robert Newman realizaron cálculos a fin de analizar esa probabilidad. Escribiendo en el prólogo de ese libro, H. Harold Hartzler, de la Asociación Científica Estadounidense, dice: «El manuscrito de *Science Speaks* fue revisado con sumo cuidado por un comité de miembros de la Asociación Científica Estadounidense y por el Consejo Ejecutivo del mismo grupo y descubrieron que, en general, es confiable y preciso en cuanto al material científico presentado. El análisis matemático incluido está basado en cálculos de probabilidad que son totalmente sólidos, y el profesor Stoner ha aplicado estos principios de una manera adecuada y convincente»[3].

Las siguientes probabilidades demuestran que la coincidencia está descartada. Stoner dice que mediante la aplicación de la ciencia de las probabilidades a las ocho profecías, «encontramos que la posibilidad de que algún hombre pueda haber vivido hasta el tiempo presente y cumplido las ocho profecías es de 1 en 10^{17} [10 a la decimoséptima potencia]»[4]. Es decir, una por cada 100.000.000.000.000.000. A fin de ayudarnos a comprender esta asombrosa probabilidad, Stoner la ilustra al suponer que «tomamos 10^{17} dólares de plata y los diseminamos por la superficie del estado de Texas. Los dólares cubrirán todo el estado con una profundidad de sesenta y dos centímetros. Entonces marcamos toda esa enormidad de dólares a lo largo y ancho del estado. Le vendamos los ojos a un hombre y le decimos que puede viajar hasta donde desee, pero debe recoger del suelo un dólar de plata y decir que ese es el marcado. ¿Qué posibilidad tendría de conseguir el adecuado? Solo la misma que habrían tenido los profetas de escribir esas ocho profecías y que todas llegaran a ser ciertas en un hombre, desde su época hasta la actualidad, siempre que las escribieran con su propia sabiduría.

«Ahora bien, estas profecías, o fueron inspiradas por Dios, o los profetas solo las escribieron como se les ocurrió que debían ser las cosas. En ese caso, los profetas solo tendrían una posibilidad en 10^{17} de que fueran ciertas en cualquier hombre, pero todas se hicieron realidad en Cristo.

«Esto significa que el cumplimiento de esas ocho profecías solas prueba que Dios inspiró la escritura de las mismas de una manera tan precisa, que solo le falta una posibilidad entre 10^{17} para ser total»[5].

Otra objeción

Algunos afirman que Jesús intentó a propósito cumplir las profecías judías. Esta objeción parece posible hasta que nos damos cuenta de que muchos detalles de la venida del Mesías estuvieron fuera del control humano por completo. Un ejemplo es el lugar de su nacimiento. Cuando Herodes les preguntó a los jefes de los sacerdotes y a los escribas dónde iba a nacer el Cristo, le respondieron: «En Belén [...] porque esto es lo que ha escrito el profeta» (Mateo 2:5). Sería tonto pensar que mientras María y José viajaban al pueblo previsto, Jesús, en el vientre de su madre, dijera: «Mamá, es mejor que se apresuren o no cumpliremos la profecía».

La mitad de las profecías iban más allá del control de Cristo para cumplirlas: la forma en que nacería, la traición de Judas y el pago por su traición; la forma en que moriría; la reacción del pueblo, al burlarse y escupirle, las miradas, la repartición de sus vestiduras echando suertes y la vacilación de los soldados en cuanto a dividir su túnica. Además, Cristo no podía ocasionar su nacimiento de la simiente de una mujer, del linaje de Sem, descendiente de Abraham y todos los otros acontecimientos que condujeron a su nacimiento. No sorprende que Jesús y los apóstoles apelaran al cumplimiento de las profecías a fin de respaldar su afirmación de que Él era el Hijo de Dios.

¿Por qué quiso Dios pasar por todo esto? Creo que deseaba que Jesucristo tuviera cada una de las credenciales que necesitaría cuando viniera al mundo. Sin embargo, lo más emocionante en cuanto a Jesús es que vino a cambiar vidas. Solo Él demostró lo acertadas que eran los centenares de profecías del Antiguo Testamento que describían su venida. Y solo Él puede cumplir la mayor profecía de todas para los que le acepten, la promesa de la nueva vida: «Les daré un nuevo corazón, y les infundiré un espíritu nuevo» (Ezequiel 36:26). «Si alguno está en Cristo, es una nueva creación. ¡Lo viejo ha pasado, ha llegado ya lo nuevo!» (2 Corintios 5:17).

CAPÍTULO 11

¿No hay algún otro camino?

Durante una serie de conferencias en la Universidad de Texas, un estudiante de posgrado se me acercó y me preguntó: «¿Por qué Jesús es el único camino hacia una relación con Dios?». Le tuve que demostrar que Jesús afirmaba ser el único camino a Dios, que el testimonio de las Escrituras y los apóstoles era confiable y que había evidencias suficientes para garantizar la fe en Jesús como Salvador y Señor. Sin embargo, el estudiante tenía otras preguntas: «¿Por qué solo Jesús? ¿No existe algún otro camino a Dios?». Es extraño que la gente, como este joven, no se canse de buscar alternativas. «¿Qué me dice de Buda? ¿Mahoma? ¿No puede una persona solo vivir una buena vida? Si Dios es un Dios tan amoroso, ¿no aceptaría a todas las personas tal como son?»

Estas preguntas son las típicas que escuchamos con frecuencia. En el clima actual de tolerancia, la gente parece ofenderse ante las afirmaciones de exclusividad según las cuales Jesús es el único camino a Dios y la única fuente para el perdón de los pecados y la salvación. Esta actitud muestra que muchas personas no comprenden en sí la naturaleza de Dios. Vemos el meollo de su malentendido en el asunto que preguntan muchas veces: «¿Cómo un Dios amoroso permite que alguien se vaya al infierno?». Muchas veces le doy la vuelta a la pregunta y digo: «¿Cómo un Dios santo, justo y recto permite un pecador en su presencia?». La mayoría de la gente entiende que Dios sea un Dios amoroso, pero no va más allá. Dios no solo es amor, sino también recto, justo y santo. No puede tolerar el pecado en su cielo, como usted tampoco toleraría la presencia de un animal sucio, enfermo y maloliente en su hogar. Esta mala interpretación acerca de la naturaleza básica y el carácter de Dios es el motivo de muchos problemas teológicos y éticos.

En esencia, conocemos a Dios a través de sus atributos. Sin embargo, sus atributos no forman parte de Él de la misma forma que los atributos que usted ha ido adoptando forman parte de su persona. Quizá usted se dé cuenta de que es bueno ser cortés y adopte este atributo como parte de toda su constitución. Con Dios es al revés. En los atributos de Dios, en su propio ser, se incluyen cualidades como santidad, amor, justicia, rectitud y otros. Por ejemplo, la bondad no es algo que forma parte de Dios, sino algo que es cierto con respecto a su *naturaleza* misma. Los atributos de Dios tienen su fuente en lo que es Él. No los adopta a fin de formar su naturaleza, sino que fluyen de ella. Así que cuando decimos que Dios es amor, no queremos dar a entender que una parte de Dios es amor, sino que el amor es un atributo que es auténtico de manera innata en Dios. Cuando Dios ama, no está tomando una decisión; solo está siendo Él mismo.

He aquí el problema en relación con nosotros: Si la naturaleza de Dios es el amor, ¿cómo es posible que envíe a alguien al infierno? La respuesta, en pocas palabras, es que Dios no envía a las personas al infierno; van debido a sus propias decisiones. A fin de explicarlo, debemos volver de nuevo a la creación. La Biblia indica que Dios creó al hombre y a la mujer con el propósito de compartir su amor y su gloria con ellos. No obstante, Adán y Eva decidieron rebelarse y tomar su propio camino. Abandonaron el amor y la protección de Dios, contaminándose con esa naturaleza orgullosa, codiciosa y obstinada a la que llamamos pecado. Debido a que Dios amaba de manera entrañable al hombre y la mujer, incluso después que lo despreciaron, deseaba llegar hasta ellos y salvarlos del mortal camino que habían escogido. Aun así, Dios enfrentaba un dilema.

Puesto que Dios no solo es amoroso, sino también santo, recto y justo, el pecado no puede sobrevivir en su presencia. Su misma naturaleza santa, justa y recta destruiría a la pareja pecadora. Por eso la Biblia dice: «La paga del pecado es muerte» (Romanos 6:23). Por lo tanto, ¿cómo Dios podía resolver este dilema y salvar al hombre y a la mujer?

La deidad, es decir, Dios Padre, Dios Hijo y Dios Espíritu Santo, tomó una sorprendente decisión. Jesús, Dios Hijo, se haría carne humana. Se convertiría en Dios-hombre. Leemos sobre esto en el primer capítulo del Evangelio de Juan, donde dice que «el Verbo se hizo carne, y habitó entre nosotros» (Juan 1:14, LBLA). También Filipenses 2 nos dice que Jesucristo se despojó de sus prerrogativas divinas y tomó la forma humana (véase Filipenses 2:6-7).

Jesús era el Dios-hombre. Era tan hombre como si nunca hubiera sido Dios y tan Dios como si nunca hubiera sido hombre. Su humanidad no menguó su divinidad, y su divinidad no doblegó a su humanidad. Por su propia decisión, vivió una vida sin pecado, obedeciendo por completo al Padre. A Él no lo alcanzó la proclamación bíblica de que «la paga del pecado es muerte». Debido a que no solo era un hombre finito, sino también un Dios infinito, tenía la capacidad infinita de llevar sobre sí los pecados del mundo. Cuando ejecutaron a Jesús en la cruz, hace más de dos mil años, Dios aceptó su muerte como sustituta de la nuestra. Así quedó satisfecha la naturaleza justa y recta de Dios. Se hizo justicia; se pagó el castigo. Entonces en ese momento la naturaleza de amor de Dios quedó libre de las limitaciones de la justicia, y Él nos pudo aceptar de nuevo para ofrecernos lo que habíamos perdido en el Edén: una restauración de esa relación original con Él en la que podríamos experimentar su amor y gloria.

A menudo le pregunto a la gente: «¿Por quién murió Jesús?». Casi siempre responden: «Por mí» o «Por el mundo». Y les digo: «Sí, eso es cierto, ¿pero por quién más murió Jesús?». Por lo general, admiten que no lo saben. Les respondo: «Por Dios Padre». Verá: Cristo no solo murió por nosotros, sino también murió por el Padre. De esto habla la última sección de Romanos 3, donde algunas versiones de la Biblia le llaman «propiciación» a la muerte de Jesús (véase Romanos 3:25, RV-60). En esencia, *propiciación* significa la satisfacción de un requisito. Cuando Jesús murió en la cruz, no solo murió por nosotros, sino que también murió para cumplir las santas y justas exigencias intrínsecas en la naturaleza básica de Dios. Eliminó la contaminación para que nosotros pudiéramos estar limpios en su presencia.

Hace varios años escuché una historia real que aclara lo que hizo Jesús en la cruz a fin de resolver el problema de Dios para lidiar con nuestro pecado. A una joven la detuvieron por exceso de velocidad. El policía la multó y la llevó ante el juez. Este leyó la citación y preguntó: «¿Culpable o no culpable?». La mujer respondió: «Culpable». El juez dejó caer el martillo y la sancionó a cien dólares o diez días en la cárcel. Entonces hizo algo asombroso. Se puso de pie, se quitó la toga, bajó del estrado, sacó su billetera y pagó la multa de la joven. ¿Por qué? El juez era su padre. Amaba a su hija, pero era un juez justo. La muchacha infringió la ley y él podía decirle: «Debido a que te amo mucho, te perdono. Puedes irte sin pagar y sin recibir el castigo». Si hubiera hecho tal cosa, no habría sido un juez justo. No habría hecho cumplir la ley. Sin embargo, debido a su amor por su hija, estaba dispuesto a quitarse la toga judicial, renunciar a su posición, asumir su relación como su padre y pagar la multa.

Esta historia ilustra a pequeña escala lo que Dios hizo por nosotros por medio de Jesucristo. Nosotros pecamos, y la Biblia dice que «la paga del pecado es muerte». Cuando Dios nos mira, a pesar de su inmenso amor por nosotros, tiene que golpear con el martillo y decir *muerte*, pues es un Dios justo y recto. Y con todo, puesto que también es un

Dios amoroso, estuvo dispuesto a bajar de su trono en la forma de Jesucristo hombre y pagar el precio por nosotros, el cual fue su muerte en la cruz.

En este momento, muchas personas hacen la pregunta obvia: «¿Por qué Dios no podía perdonar sin exigir pago alguno?». En cierta ocasión, un ejecutivo de una gran corporación me dijo: «A menudo, mis empleados dañan equipos, malgastan materiales y rompen cosas, y solo los perdono. ¿Me está diciendo que yo puedo hacer algo que Dios no puede hacer?». El ejecutivo no se daba cuenta de que su perdón le costaba algo. Su compañía pagaba por los errores de sus empleados al reparar y sustituir los artículos. Cada vez que hay perdón, existe un pago. Por ejemplo, digamos que mi hija rompe una lámpara en mi casa. Soy un padre amoroso y perdonador, así que la abrazo y le digo: «No llores, cariño. Papá te ama y te perdona». Casi siempre la persona que escucha esa historia dirá: «Eso mismo es lo que debe hacer Dios». Entonces viene la pregunta: «¿Quién pagó por la lámpara?». El hecho es que lo hice *yo*. El perdón siempre tiene un precio. Digamos que alguien le insulta delante de otros, y más tarde usted le dice con amabilidad: «Te perdono». ¿Quién soporta el precio de ese insulto? Usted. Soporta el dolor de la mentira y la pérdida de reputación ante los ojos de quienes presenciaron el insulto.

Esto es lo que Dios hizo por nosotros. Dijo: «Te perdono». Sin embargo, pagó su propio precio por el perdón a través de la cruz. Es un pago que no puede ofrecernos Buda, Mahoma, Confucio, ni ningún otro líder religioso o ético. Nadie puede pagar el precio con «solo vivir una buena vida». Sé que parece exclusivista decirlo, pero debemos hacerlo porque es cierto: No existe otro camino, sino Jesús.

CAPÍTULO 12

¿Él cambió mi vida?

Lo que le he dicho en este libro es lo que aprendí tras profundizar con sumo cuidado en las evidencias a favor del cristianismo, después que mis amigos en la universidad me desafiaron a probar la verdad de sus afirmaciones. Quizá piense que una vez que observé pruebas como estas, salté a bordo de inmediato y me convertí en cristiano. Sin embargo, a pesar de las abundantes pruebas, sentí una fuerte resistencia a dar el paso decisivo. Mi mente estaba convencida de la verdad. Tenía que admitir que Jesús tenía que ser precisamente quien decía ser. Veía con claridad que el cristianismo no era un mito, ni una fantasía de ilusorios soñadores, ni un engaño del que se aprovechaban los tontos, sino una sólida verdad. Pero mi voluntad me atraía en otra dirección.

Mi resistencia se debía a dos razones: el placer y el orgullo. Pensaba que convertirse en cristiano significaba renunciar a la buena vida y renunciar a tener el control de mí mismo. Podía sentir a

Jesucristo a la puerta de mi corazón, suplicando: «Mira, he estado parado a tu puerta tocando a cada instante. Si escuchas mi llamado y abres la puerta, voy a entrar» (parafraseado de Apocalipsis 3:20). Esa puerta la mantenía cerrada y atrancada. No me interesaba que Él hubiera caminado sobre el agua, ni que hubiera transformado el agua en vino. No quería que ningún aguafiestas echara a perder mi diversión. No podía pensar en ninguna forma más rápida de arruinar mis buenos tiempos. Les llamaba buenos tiempos, pero en realidad me sentía desdichado. Me había vuelto un campo de batalla ambulante. Mi mente me decía que el cristianismo era cierto, pero mi voluntad se resistía con toda la energía de la que podía hacer acopio.

Luego estaba el problema del orgullo. En ese tiempo, el pensamiento de convertirme en cristiano destrozaba mi ego. Acababa de probar que todos mis pensamientos anteriores eran falsos y que mis amigos tenían razón. Cada vez que me reunía con aquellos cristianos tan llenos de entusiasmo, mi conflicto interno parecía desbordarse. Si alguna vez ha estado en compañía de personas felices sintiéndose desdichado, usted sabe cómo le puede incomodar su alegría. A veces me levantaba literalmente, dejaba al grupo y me apresuraba a salir de la sede de la federación de estudiantes. Llegué hasta el punto en el que me acostaba a las diez de la noche, pero no me quedaba dormido hasta las cuatro de la mañana. No me podía liberar del problema. Tenía que hacer algo antes que me volviera loco. Siempre trataba de tener la mente abierta, pero no tan abierta de manera que se hiciera pedazos mi materia gris. Como G.K. Chesterton dijo: «El propósito de abrir la mente, como el de abrir la boca, es cerrarla de nuevo sobre algo sólido». Abrí mi mente y, al fin, la cerré en la más sólida realidad que experimentara jamás. El 19 de diciembre de 1959, a las ocho y media de la noche, durante mi segundo año en la universidad, me convertí en cristiano.

Alguien me preguntó: «¿Cómo sabes que eres cristiano?». Mi respuesta fue simple: «Ha cambiado mi vida». Esta transformación es lo que me asegura la validez de mi conversión. Esa noche oré por cuatro cosas a fin de establecer una relación con el Cristo resucitado y viviente, y agradezco que se respondiera esta oración.

En primer lugar, dije: «Señor Jesús, gracias por morir en la cruz por mí». En segundo lugar, dije: «Te confieso esas cosas de mi vida que no te agradan y te pido que me perdones y me limpies». Dios nos dice que, «por profunda que sea la mancha de sus pecados, yo puedo quitarla y dejarlos tan limpios como nieve recién caída» (Isaías 1:18, LBD). En tercer lugar, dije: «Ahora mismo, de la mejor manera que sé, abro la puerta de mi corazón y vida y confío en ti como mi Salvador y Señor. Toma el control de mi vida. Cámbiame desde adentro hacia fuera. Hazme la clase de persona que querías que fuera cuando me creaste». La última cosa por la que oré, fue: «Gracias por venir a mi vida mediante la fe». Era una fe que no se basaba en la ignorancia, sino en las evidencias, los hechos de la historia y la Palabra de Dios.

Estoy seguro de que ha escuchado a la gente hablar del «relámpago» que la golpea cuando tiene su primera experiencia religiosa. Conmigo las cosas no fueron tan dramáticas. Después que oré, no pasó nada. O sea, *nada*. Y todavía no me han brotado alas ni una aureola. Es más, después que tomé esa decisión, me sentí peor. En realidad, sentí que estaba a punto de vomitar. *¡No! Y ahora, ¿adónde me he dejado arrastrar?*, me preguntaba. A decir verdad, sentía que había enloquecido (¡y estoy seguro de que algunas personas lo pensaron!).

El cambio no fue inmediato, pero fue real. Cuando fueron pasando entre seis meses y un año y medio, me fui dando cuenta de que no me había vuelto loco. Mi vida *fue* cambiando. Por ese tiempo, tuve un debate con el jefe del departamento de historia en una universidad del Medio Oeste. Le hablaba de mi nueva vida y me interrumpió diciéndome: «McDowell, ¿está tratando de decirme que Dios en realidad ha cambiado su vida? Deme algunos detalles específicos». Después de escucharme explicar por cuarenta y cinco minutos, me dijo al final: «Está bien, está bien, ¡eso es suficiente!».

Uno de los cambios que le dije fue el alivio de mi constante inquietud. Siempre tenía que estar ocupado. Tenía que estar una y otra vez en la casa de mi novia, en una fiesta, en la federación de estudiantes o yendo de un lado a otro con los amigos. Cruzaba el campus con la mente metida en un torbellino de conflictos. Siempre andaba dando tumbos. Me sentaba y trataba de estudiar o pensar, pero no podía hacerlo. Sin embargo, después que tomé esa decisión por Cristo, una especie de paz mental se asentó sobre mí. No me malentienda; eso no significa que cesaran todos los conflictos. Lo que descubrí en esta relación con Jesús no fue tanto la ausencia de conflictos como la capacidad para hacerles frente. No cambiaría eso por nada en el mundo.

Otra esfera en la que comencé a cambiar fue en mi mal carácter. Solía perder los estribos si alguien solo me miraba atravesado. Todavía tengo las cicatrices de una pelea en la que casi a un hombre en mi primer año en la universidad. Mi mal genio era una parte tan integral de mi persona, que no hacía esfuerzo consciente alguno por mejorarlo. Sin embargo, un día me hallé en una crisis en la que me hubiera hecho estallar, solo para descubrir que me quedé calmado y dueño de mí mismo. ¡Se había ido mi mal genio! No había sido obra mía; como he estado diciendo: Jesús cambió mi vida. Por cambiado no significa perfecto. Es más, pasé catorce años sin perder mi genio, pero cuando estallaba, me temo que lo compensaba por todas las veces que no lo hacía.

Jesús me cambió de otra manera. No estoy orgulloso de esto, pero lo menciono porque muchas personas necesitan el mismo cambio, y quiero mostrarles la fuente de ese cambio: una relación con el resucitado Cristo viviente. El problema es el odio. Tenía una pesada carga de odio que me abrumaba. No lo mostraba por fuera, pero me destrozaba por dentro. Me molestaba con la gente, con las cosas, con los inconvenientes. Era inseguro. Cada vez que conocía a alguien diferente a mí, esa persona se convertía en una amenaza y reaccionaba con cierto nivel de aversión.

Había un hombre a quien odiaba más que a ninguna otra persona en el mundo: mi propio padre. Lo odiaba profundamente. Me mortificaba que fuera el alcohólico del pueblo. Si usted es de una pequeña ciudad y uno de sus padres es alcohólico, ya sabe a lo que me refiero. Todo el mundo lo sabe. Mis amigos del instituto se burlaban del consumo de bebidas alcohólicas de mi padre. No pensaban que me molestaba porque estaba de acuerdo con las bromas y me reía con ellos. Me reía por fuera, pero le diré que lloraba por dentro. Iba al establo, y allí encontraba a mi madre golpeada de una manera tan brutal que no podía levantarse y yaciendo en el estiércol detrás de las vacas. Cuando llegaban los amigos, me llevaba a mi padre hasta el establo, lo ataba y aparcaba su auto detrás del silo. Les decíamos a nuestros huéspedes que se había tenido que ir a alguna parte. No creo que nadie pueda odiar a una persona más de lo que yo odiaba a mi padre.

Al cabo de unos cinco meses de haber tomado mi decisión por Cristo, el amor de Dios entró en mi vida de manera tan poderosa que tomó aquel cúmulo de odio, le dio vuelta y lo vació por completo. Fui capaz de mirar a mi padre con sinceridad a los ojos y decirle: «Papá, te amo». Y eso era lo que sentía en realidad. Después de alguna de las cosas que hice por él, esto lo conmovió de verdad.

Después de transferirme a una universidad privada, tuve un grave accidente automovilístico que me llevó al hospital. Cuando me trasladaron a la casa para recuperarme, mi padre vino a visitarme. Era notable, pero estaba sobrio ese día. Sin embargo, parecía inquieto y se paseaba por la habitación. Entonces dijo de repente: «Hijo, ¿cómo puedes amar a un padre como yo?». Le respondí: «Papá, seis meses atrás te despreciaba». Luego le conté la historia de mi investigación y las conclusiones acerca de Jesucristo. Le dije: «Puse mi confianza en Cristo, recibí el perdón de Dios, lo invité a mi vida y Él me cambió. No puedo explicarlo todo, papá, pero Dios se llevó mi odio y lo sustituyó con la capacidad de amar. Te amo y te acepto tal y como eres».

Conversamos por casi una hora y luego recibí una de las mayores emociones de mi vida. Aquel hombre que era mi padre; aquel hombre que me conocía demasiado bien como para engañarlo, me miró y me dijo: «Hijo, si Dios puede hacer en mi vida lo que he visto en la tuya, deseo darle la oportunidad. Deseo confiar en Él como mi Salvador y Señor». No puedo imaginar un milagro mayor.

Por lo general, después que una persona acepta a Cristo, el cambio en su vida tiene lugar a través de un período de días, semanas, meses o incluso años. En mi vida, el cambio tomó entre seis meses y un año y medio. Sin embargo, la vida de mi padre cambió justo ante mis ojos. Fue como si Dios extendiera el brazo, le diera al interruptor y se encendiera la luz. Nunca, ni antes ni después, he visto un cambio tan impresionante. Mi padre tocó una bebida alcohólica solo una vez a partir de ese día. Lo más lejos que llegó fue hasta sus labios antes de que la apartara. Para siempre. Solo puedo llegar a una conclusión: La relación con Jesucristo cambia la vida.

Usted puede reírse del cristianismo, puede burlarse de él y ridiculizarlo. Sin embargo, da resultados. Cambia vidas. Debo decir que *Jesucristo* cambia vidas. El cristianismo no es una religión; no es un sistema; no es una idea ética; no es un fenómeno psicológico. Es una persona. Si confía en Cristo, comience a observar sus actitudes y acciones porque Jesucristo está dedicado a cambiar vidas.

Por lo tanto, como puede ver, el hallazgo de mi fe en Cristo ha sido un proceso, comenzando con la inflexible investigación y convirtiéndose en la experiencia de una vida cambiada. Parece que muchas personas en la actualidad ansían la experiencia, quieren la clase de vida renovada que he encontrado, pero no están dispuestas a someter al cristianismo a la prueba de las evidencias y de la lógica más estricta. Quizá su resistencia se deba en parte a que no quieren afirmar que exista una verdad absoluta, a causa de lo mucho que se insiste hoy en la tolerancia y el multiculturalismo. O tal vez proceda del temor a que su investigación, en lugar de reafirmar la veracidad de las afirmaciones de Cristo, lo que haga sea levantar más dudas.

¿Es la investigación un obstáculo para la fe de la persona en Cristo? No, de acuerdo con Edwin Yamauchi, uno de los principales expertos en historia antigua del mundo entero. Un hombre que no solo recibió una maestría y un doctorado en estudios mediterráneos en la Universidad Brandeis, sino que también le han concedido ocho becas para investigación, ha presentado más de setenta y un ensayos ante sociedades científicas y ha dado conferencias en más de cien universidades, institutos superiores y seminarios teológicos. Yamauchi se expresa con firmeza: «En mí, las evidencias históricas han reforzado mi compromiso con Jesucristo, el Hijo de Dios, quien nos ama y murió por nosotros y resucitó de los muertos. Es así de sencillo»[1].

Cuando le pregunté a Bruce Metzger, toda una autoridad en manuscritos antiguos, si el estudio histórico del Nuevo Testamento había debilitado su fe, me respondió de inmediato: «La edificó. Hice preguntas toda mi vida. Indagué en el texto, lo estudié con esmero y hoy sé con seguridad que mi confianza en Jesús está bien plantada [...] muy bien plantada»[2].

Citas como estas de dos respetados eruditos confirman mi propósito al escribir este pequeño libro. He tratado de mostrarle que las aseveraciones de Cristo se mantienen firmes como sólidos hechos históricos, confirmados por las evidencias de la historia, la profecía y la razón. La comprensión de los hechos le dará un cimiento inconmovible y confiable que le permita mantenerse firme mientras experimenta las declaraciones de Cristo por su propia cuenta en la clase vida cambiada que hemos experimentado millones de cristianos.

Sin embargo, a pesar de la solidez de los hechos y la autenticidad de la experiencia, el cristianismo no es algo que se le pueda obligar a tragar a alguien. Uno no puede imponerle a Cristo a nadie. A usted se le ha permitido vivir su vida, y a mí se me ha permitido vivir la mía. Todos tenemos la libertad de tomar nuestras propias decisiones. Lo único que puedo hacer es decirle lo que he aprendido. Después de eso, lo que haga es asunto suyo.

Quizá le sea de ayuda la oración que hice: «Señor Jesús, te necesito. Gracias por morir en la cruz por mí. Perdóname y límpiame. En este momento confío en ti como Salvador y Señor. Hazme la clase de persona que querías que fuera cuando me creaste. En el nombre de Cristo, amén».

APÉNDICE: ¿Ha oído usted las cuatro leyes espirituales?

«Así como hay leyes naturales que rigen el universo, también hay leyes espirituales que rigen nuestra relación con Dios».

1 PRIMERA LEY: DIOS LE **AMA,** Y TIENE UN **PLAN** MARAVILLOSO PARA SU VIDA.

(Los textos de las Sagradas Escrituras contenidos en este apéndice, de ser posible, deben leerse directamente en la Biblia).

EL AMOR DE DIOS

«Porque de tal manera amó Dios al mundo, que ha dado a su Hijo unigénito, para que todo aquel que en él cree, no se pierda, mas tenga vida eterna».   Juan 3:16

EL PLAN DE DIOS

[Cristo afirma]: «Yo he venido para que tengan vida, y para que la tengan en abundancia». (Una vida completa y con propósito).   Juan 10:10b

¿Por qué es que la mayoría de las personas no están experimentando esta vida en abundancia? Porque...

2 SEGUNDA LEY: EL HOMBRE ES PECADOR Y ESTÁ SEPARADO DE DIOS, POR LO TANTO, NO PUEDE CONOCER NI EXPERIMENTAR EL AMOR Y EL PLAN DE DIOS PARA SU VIDA.

EL HOMBRE ES PECADOR

«Por cuanto todos pecaron, y están destituidos de la gloria de Dios».   Romanos 3:23

El hombre fue creado para tener compañerismo con Dios, pero debido a su voluntad terca y egoísta, escogió su propio camino y su relación con Dios se interrumpió. Esta voluntad egoísta, caracterizada por una actitud de rebelión activa o indiferencia pasiva, es una evidencia de lo que la Biblia llama pecado.

EL HOMBRE ESTÁ SEPARADO DE DIOS

«Porque la paga del pecado es muerte» (o sea, separación espiritual de Dios).   Romanos 6:23

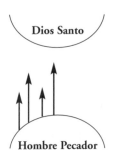

Dios Santo

Hombre Pecador

Dios es santo y el hombre es pecador. Un gran abismo los separa. El hombre está tratando continuamente de alcanzar a Dios y la vida en abundancia, y cruzar este abismo de separación mediante sus propios esfuerzos: la religión, la moral, la filosofía, las buenas obras, etc.

La tercera ley nos da la única solución a este problema...

3 TERCERA LEY: JESUCRISTO ES LA **ÚNICA** PROVISIÓN DE DIOS PARA EL PECADOR. SOLO EN ÉL PUEDE USTED CONOCER Y EXPERIMENTAR EL AMOR Y EL PLAN DE DIOS PARA SU VIDA.

ÉL MURIÓ EN NUESTRO LUGAR

«Mas Dios muestra su amor para con nosotros, en que siendo aún pecadores, Cristo murió por nosotros».   Romanos 5:8

ÉL RESUCITÓ

*«Cristo murió por nuestros pecados [...] fue sepultado [...] resucitó al tercer día, conforme a las Escrituras [...] **apareció a Cefas,** y después a los doce. Después apareció **a más de quinientos».***   1 Cor. 15:3-6

ES EL ÚNICO CAMINO

«Jesús le dijo: Yo soy el camino, y la verdad, y la vida; nadie viene al Padre, sino por mí».   Juan 14:6

Dios ha cruzado el abismo que nos separa de Él al enviar a su Hijo, Jesucristo, a morir en la cruz en nuestro lugar.

No es suficiente conocer estas tres leyes y aun aceptarlas intelectualmente.

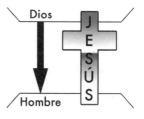

4 CUARTA LEY: DEBEMOS INDIVIDUAL-MENTE RECIBIR A JESUCRISTO COMO SEÑOR Y SALVADOR PARA PODER CONOCER Y EXPERIMENTAR EL AMOR Y EL PLAN DE DIOS PARA NUESTRAS VIDAS.

DEBEMOS RECIBIR A CRISTO

«Mas a todos los que le recibieron, a los que creen en su nombre, les dio potestad de ser hechos hijos de Dios».

Juan 1:12

RECIBIMOS A CRISTO MEDIANTE LA FE

«Porque por gracia sois salvos por medio de la fe; y esto no de vosotros, pues es don de Dios; no por obras, para que nadie se gloríe». Efesios 2:8-9

RECIBIMOS A CRISTO POR MEDIO DE UNA INVITACIÓN PERSONAL

[Cristo dice:] *«He aquí, yo estoy a la puerta y llamo; si alguno oye mi voz y abre la puerta, entraré a él».*

Apocalipsis 3:20

El recibir a Cristo comprende un cambio de actitud hacia Dios, confiar en Cristo, para que Él entre a nuestras vidas y perdone nuestros pecados.

Estos dos círculos representan dos clases de vidas:

Vida dirigida por el YO

Y: EGO o el YO finito en el trono.
†: Cristo fuera de la vida.
•: Intereses controlados por el YO que resultan discordia y frustración.

Vida dirigida por Cristo

†: Cristo en la vida.
Y: EGO o el YO destronado.
•: Intereses bajo el control del Dios infinito lo cual resulta en armonía y propósito.

¿Cuál círculo representa su vida?
¿Cuál círculo le gustaría que representara su vida?

A continuación se explica cómo puede recibir a Cristo.

USTED PUEDE RECIBIR A CRISTO AHORA MISMO MEDIANTE LA ORACIÓN (Orar es hablar con Dios)

Dios conoce su corazón y no tiene tanto interés en sus palabras, sino más bien en la actitud de su corazón. La siguiente oración se sugiere como guía.

Señor Jesucristo: Gracias porque me amas y entiendo que te necesito. Te abro la puerta de mi vida y te recibo como mi Señor y Salvador. Ocupa el trono de mi vida. Hazme la persona que tú quieres que sea. Gracias por perdonar mis pecados. Gracias por haber entrado en mi vida y por escuchar mi oración según tu promesa.

¿Expresa esta oración el deseo de su corazón?

Si lo expresa, haga esta oración ahora mismo, y Cristo entrará a su vida según su promesa.

CÓMO ESTAR SEGURO DE QUE CRISTO MORA EN SU VIDA:

¿Invitó a Cristo a entrar en su vida? De acuerdo con su promesa en Apocalipsis 3:20, ¿dónde está Cristo? Cristo dijo que entrará en su vida. ¿Le engañaría Él? ¿En qué se basa su seguridad de que Dios contestó su oración? (En la fidelidad de Dios mismo y su Palabra).

LA BIBLIA PROMETE VIDA ETERNA A TODOS LOS QUE RECIBEN A CRISTO

«Y este es el testimonio: que Dios nos ha dado vida eterna; y esta vida está en su Hijo. El que tiene al Hijo, tiene la vida; el que no tiene al Hijo de Dios no tiene la vida. Estas cosas os he escrito a vosotros que creéis en el nombre del Hijo de Dios, para que sepáis

*que tenéis vida eterna, y para que creáis en el nom-
bre del Hijo de Dios».*   1 Juan 5:11-13

Agradézcale siempre el que Cristo esté en su vida y nunca lo
abandonará (Hebreos 13:5). Puede estar seguro de que el
Cristo vivo mora en usted y que tiene vida eterna desde el
mismo momento en que lo invitó a entrar confiando en su
promesa. Él no le engañará.

¿Y qué si no siente nada?

NO DEPENDA DE SUS SENTIMIENTOS
Nuestra seguridad está en la promesa de la Palabra de Dios y no
en nuestros sentimientos. El cristiano vive por fe (confianza) en
la fidelidad de Dios mismo y de su Palabra. El diagrama del
tren ilustra la relación entre el hecho (Dios y su Palabra), la fe
(nuestra confianza en Dios y en su Palabra) y los sentimientos
(el resultado de la fe y la obediencia) (Juan 14:21).

El tren corre con o sin el vagón. Sin embargo, sería inútil
tratar de que el vagón haga correr el tren. Del mismo modo,
nosotros, como cristianos, no dependemos de los sentimientos o las emociones, sino que ponemos nuestra fe (confianza) en la fidelidad de Dios y en las promesas de su Palabra.

AHORA QUE HA RECIBIDO A CRISTO
En el momento en que usted, en un acto de fe, recibió a
Cristo, muchas cosas ocurrieron. He aquí algunas de ellas:
1. Cristo entró en su vida (Apocalipsis 3:20 y
    Colosenses 1:27).

2.   Sus pecados le fueron perdonados (Colosenses 1:14).
3.   Usted ha llegado a ser Hijo de Dios (Juan 1:12).
4.   Comenzó a vivir la gran aventura para
     la cual Dios le creó (Juan 10:10b,
     2 Corintios 5:17 y 1 Tesalonicenses 5:18).

¿Puede usted pensar en algo más extraordinario que le haya ocurrido que el recibir a Cristo? ¿Le gustaría dar gracias a Dios en oración ahora mismo por lo que Él ha hecho por usted? El acto mismo de dar gracias a Dios es una demostración de fe.

¿Y ahora qué?

SUGERENCIAS PARA EL CRECIMIENTO CRISTIANO

El crecimiento espiritual se produce cuando nos mantenemos confiados en Jesucristo. «El justo por la fe vivirá» (Gálatas 3:11). Una vida de fe le capacitará para confiar en Dios cada vez más en todo detalle de su vida y para practicar lo siguiente:

C   Converse con Dios en oración diariamente
       (Juan 15:7).
R   Recurra a la Biblia, estudiándola diariamente
       (Hechos 17:11). Principie con el Evangelio
       de San Juan.
I   Insista en confiar a Dios cada aspecto de su vida
       (1 Pedro 5:7).
S   Sea lleno del Espíritu de Cristo: permítale vivir su vida
       en usted (Gálatas 5:16-17; Hechos 1:8).
T   Testifique a otros de Cristo verbalmente y con su vida
       (Mateo 4:19, Juan 15:8).
O   Obedezca a Dios momento a momento
       (Juan 14:21).

LA IMPORTANCIA DE LA IGLESIA

En las Sagradas Escrituras (Hebreos 10:25) se nos amonesta «no dejando de reunirnos». Los cristianos, como brasas de fuego, arden cuando están juntos. Apártense los cristianos y como brasas separadas se apagarán solos. Si usted no se congrega con alguna iglesia, no espere a que lo inviten a hacerlo. Demuestre iniciativa: llame o visite a un ministro de Dios en una iglesia cercana donde se exalte a Cristo y se predique su Palabra. Comience esta semana, y haga planes para asistir regularmente.

Notas

Capítulo 2: ¿Qué hace a Jesús tan diferente?

1. Augustus H. Strong, *Systematic Theology*, Judson Press, Filadelfia, 1907, p. 1:52.

2. Archibald Thomas Robertson, *Word Pictures in the New Testament*, Harper & Brothers, Nueva York, 1932, p. 5:186.

3. Leon Morris, *Evangelio según Juan* (dos volúmenes), de la serie *The New International Commentary on the New Testament*, Editorial Clie, Terrassa, Barcelona, España, 2005, p. 524 (del original en inglés).

4. Charles F. Pfeiffer y Everett F. Harrison, editores, el *Wycliffe Bible Commentary*, Moody, Chicago, 1962, pp. 943-44.

5. Lewis Sperry Chafer, *Systematic Theology*, Dallas Theological Seminary Press, Dallas, 1947, p. 5:21.

6. Robert Anderson, *The Lord from Heaven*, James Nisbet, Londres, 1910, p. 5.

7. Henry Barclay Swete, *The Gospel According to St. Mark*, Macmillan, Londres, 1898, p. 339.

8. Irwin H. Linton, *The Sanhedrin Verdict*, Loizeaux Bros., Nueva York, 1943, p. 7.

9. Charles Edmund Deland, *The Mis-Trials of Jesus*, Richard G. Badger, Boston, 1914, pp. 118-19.

Capítulo 3: ¿Señor, mentiroso o lunático?

1. C.S. Lewis, *Cristianismo... ¡y nada más!*, Editorial Caribe, Miami, FL, 1977, pp. 61-62.

2. F.J.A. Hort, *Way, Truth, and the Life*, Macmillan, Nueva York, 1894, p. 207

3. Kenneth Scott Latourette, *Historia del Cristianismo* (dos tomos), Casa Bautista de Publicaciones, El Paso, TX, 1960, 1966, pp. 44, 48 (del original en inglés).

4. William E. Lecky, *History of European Morals from Augustus to Charlemagne*, D. Appleton, Nueva York, 1903, pp. 2:8-9.

5. Philip Schaff, *History of the Christian Church*, Eerdmans, Grand Rapids, MI, 1962, p. 109.

6. Philip Schaff, *The Person of Christ*, American Tract Society, Nueva York, 1913, pp. 94-95.

7. Clark H. Pinnock, *Set Forth Your Case*, Craig Press, Nueva Jersey, 1967, p. 62.

8. Gary R. Collins, citado en Lee Strobel, *El Caso de Cristo*, Editorial Vida, Miami, FL, 2000, p. 169.

9. James T. Fisher y Lowell S. Hawley, *A Few Buttons Missing*, Lippincott, Filadelfia, 1951, p. 273.

10. C.S. Lewis, *Los Milagros*, Rayo Books, un sello de Harper Collins Publishers Inc., Nueva York, NY, 2006, p. 113 (del original en inglés).

11. Schaff, *The Person of Christ*, p. 97.

Capítulo 4: ¿Qué me dice de la ciencia?

1. *The New Encyclopaedia Britannica*: Micropaedia, 15th ed., bajo la palabra «método científico».

2. James B. Conant, *Science and Common Sense*, Yale University Press, New Haven, 1951, p. 25.

Capítulo 5: ¿Son confiables los documentos bíblicos?

1. Millar Burrows, *What Mean These Stones? The Significance of Archeology for Biblical Studies*, Meridian Books, Nueva York, 1956, p. 52.

2. William F. Albright, *Recent Discoveries in Bible Lands*, Funk and Wagnalls, Nueva York, 1955, p. 136.

3. William F. Albright, *Christianity Today 7*, 18 de enero de 1963, p. 3.

4. Sir William Ramsay, *The Bearing of Recent Discovery on the Trustworthiness of the New Testament*, Hodder and Stoughton, Londres, 1915, p. 222.

5. John A.T. Robinson, *Redating the New Testament*, SCM Press, Londres, 1976.

6. Simon Kistemaker, *The Gospels in Current Study*, Baker, Grand Rapids, 1972, pp. 48-49.

7. A.H. McNeile, *An Introduction to the Study of the New Testament*, Oxford University Press, Londres, 1953, p. 54.

8. Paul L. Maier, *First Easter: The True and Unfamiliar Story in Words and Pictures*, Harper & Row, Nueva York, 1973, p. 122.

9. William F. Albright, *From the Stone Age to Christianity*, segunda edición, John Hopkins Press, Baltimore, 1946, pp. 297-98.

10. Jeffery L. Sheler, *Is The Bible True*, HarperCollins Publishers, Nueva York, 1999, p. 41.

11. Chauncey Sanders, *Introduction to Research in English Literary History*, Macmillan, Nueva York, 1952, pp. 143ss.

12. F.F. Bruce, *The New Testament Documents: Are They Reliable?*, InterVarsity, Downers Grove, IL, 1964, p. 16.

13. Bruce Metzger, citado en Lee Strobel, *El Caso de Cristo*, Editorial Vida, Miami, FL, 2000, pp. 69-70.

14. Correspondencia personal de Dan Wallace, 6 de enero de 2003.

15. Jacob Klausner, citado en Will Durant, *Caesar and Christ: The Story of Civilization, tercera parte*, Simon and Schuster, Nueva Cork, 1944, p. 557.

16. Sir Frederic Kenyon, *The Bible and Archaeology*, Harper & Row, Nueva York, 1940, pp. 288-89.

17. Stephen Neill, *The Interpretation of the New Testament*, Oxford University Press, Londres, 1964, p. 78.

18. Craig L. Blomberg, «The Historical Reliability of the New Testament», en William Lane Craig, *Reasonable Faith*, Crossway, Wheaton, IL, 1994, p. 226.

19. J. Harold Greenlee, *Introduction to New Testament Textual Criticism*, Eerdmans, Grand Rapids, 1954, p. 16.

20. John Warwick Montgomery, *Where Is History Going?*, Zondervan, Grand Rapids: 1969, p. 46.

21. Louis R. Gottschalk, *Understanding History*, Knopf, Nueva York, 1969, p. 150.

22. John McRay, citado en Strobel, *El Caso de Cristo*, p. 97.

23. Lynn Gardner, *Christianity Stands True*, College Press, Joplin, MO, 1994, p. 40.

24. Norman L. Geisler, *Christian Apologetics*, Baker, Grand Rapids, 1988, p. 316.

25. F.F. Bruce, *The New Testament Documents*, p. 33.

26. Lawrence J. McGinley, *Form Criticism of the Synoptic Healing Narratives*, Woodstock College Press, Woodstock, MD, 1944, p. 25.

27. David Hackett Fischer, *Historian's Fallacies: Toward a Logic of Historical Thought*, citado en Norman L. Geisler, *Why I Am A Christian*, Baker, Grand Rapids, 2001, 152.

28. Robert Grant, *Historical Introduction to the New Testament*, Harper & Row, Nueva York, 1963, p. 302.

29. Will Durant, *Caesar and Christ*, p. 557.

30. Gottschalk, *Understanding History*, p. 161.

31. Eusebio, *Historia Eclesiástica*, libro 3, capítulo 39.

32. Ireneo, *Contra las Herejías*, p. 3.1.1.

33. Joseph Free, *Archaeology and Bible History*, Scripture Press, Wheaton, IL, 1964, p. 1.

34. F.F. Bruce, «Archaeological Confirmation of the New Testament», en *Revelation and the Bible*, ed. Carl Henry, Baker, Grand Rapids, 1969, p. 331.

35. A.N. Sherwin-White, *Roman Society and Roman Law in the New Testament*, Clarendon Press, Oxford, 1963, p. 189.

36. Clark H. Pinnock, *Set Forth Your Case*, Craig Press, Nutley, Nueva Jersey, 1968, p. 58.

37. Douglas R. Groothuis, *Jesus in an Age of Controversy*, Harvest House, Eugene, OR, 1996, p. 39.

Capítulo 6: ¿Quién moriría por una mentira?

1. Aunque el Nuevo Testamento no registra las muertes de estos hombres, las fuentes históricas y las tradiciones antiguas confirman la forma en que se produjeron.

2. Nota de la Traductora: En los tiempos bíblicos, *Jacobo* era un nombre muy popular y su equivalente es *Santiago*. Esto se debe a que el nombre de Santiago es una contracción castellanizada de las palabras latinas *Sanctus Iacobus, que significan San Jacobo.*

3. Flavio Josefo, *Antigüedades de los Judíos*, xx, 9:1

4. J.P. Moreland, citado en Lee Strobel, *El Caso de Cristo*, Editorial Vida, Miami, FL, 2000, p. 288.

5. Edward Gibbon, citado en Philip Schaff, *History of the Christian Church*, Hendrickson Publishers, Peabody, MA, 1996, capítulo 3.

6. Michael Green, «Prefacio del Editor», en George Eldon Ladd, *I Believe in the Resurrection of Jesús*, Eerdmans, Grand Rapids, 1975, p. vii.

7. Blaise Pascal, citado en Robert W. Gleason, editor, *The Essential Pascal*, traducción G.F. Pullen, Mentor-Omega Books, Nueva York, 1966, p. 187.

8. J.P. Moreland, citado en Lee Strobel, *El Caso de Cristo*, Editorial Vida, Miami, FL, 2000, p. 286.

9. Michael Green, *Man Alive!*, InterVarsity, Downers Grove, IL, 1968, pp. 23-24.

10. Citado en J.N.D. Anderson, «The Resurrection of Christ», *Christianity Today*, 29 de marzo de 1968.

11. Kenneth Scott Latourette, *Historia del Cristianismo* (dos tomos), Casa Bautista de Publicaciones, El Paso, TX, 1960, 1966, p. 1:59 (del original en inglés).

12. N.T. Wright, *Jesus: The Search Continues*, la transcripción de este vídeo se puede leer al buscarla por «Jesus: The Search Continues» en el *Ankerberg Theological Research Institute*, sitio Web: www.johnankerberg.org.

13. Paul Little, *Know Why You Believe*, Scripture Press, Wheaton, IL, 1971, p. 63.

14. Herbert B. Workman, *The Martyrs of the Early Church*, Charles H. Kelly, Londres, 1913, pp. 18-19.

15. Harold Mattingly, *Roman Imperial Civilization*, Edward Arnold Publishers, Londres, 1967, p. 226.

16. Tertuliano, citado en Gaston Foote, *The Transformation of the Twelve*, Abingdon, Nashville, 1958, p. 12.

17. Simon Greenleaf, *An Examination of the Testimony of the Four Evangelists by the Rules of Evidence Administered in the Courts of Justice*, Baker, Grand Rapids, 1965, p. 29.

16. Lynn Gardner, *Christianity Stands Trae*, College Press, Joplin, MO, 1994, p. 30.

19. Correspondencia personal de Tom Anderson, 6 de enero de 2003.

20. J.P. Moreland, *Scaling the Secular City*, Baker, Grand Rapids, 1987, p. 137.
21. William Lane Craig, citado en Lee Strobel, *El Caso de Cristo*, Editorial Vida, Miami, FL, 2000, p. 255.

Capítulo 7: ¿Para qué sirve un Mesías muerto?

1. *Encyclopedia International*, Grolier, Nueva York, 1972, p. 4:407
2. Ernest Findlay Scott, *Kingdom and the Messiah*, T. & T. Clark, Edimburgo, 1911, p. 55.
3. Joseph Klausner, *The Messianic Idea in Israel*, Macmillan, Nueva York, 1955, p. 23.
4. Jacob Gartenhaus, «The Jewish conception of the Messiah», *Christianity Today*, 13 de marzo de 1970, pp. 8-10.
5. *Jewish Encyclopaedia*, Funk and Wagnalls, Nueva York, 1906, p. 8:508.
6. Millar Burrows, *More Light on the Dead Sea Scrolls*, Secker & Warburg, Londres, 1958, p. 68.
7. A.B. Bruce, *The Training of the Twelve*, Kregel, Grand Rapids, 1971), 177.
8. Alfred Edersheim, *Sketches of Jewish Social Life in the Days of Christ*, Eerdmans, Grand Rapids, 1960, p. 29.
9. George Eldon Ladd, *I Believe in the Resurrection of Jesús*, Eerdmans, Grand Rapids, 1975, p. 38.

Capítulo 8: ¿Se enteró de lo que le ocurrió a Saulo?

1. *Encyclopaedia Britannica*, bajo la palabra «Pablo, San».
2. Jacques Dupont, «The Conversion of Paul, and Its Influence on His Understanding of Salvation by Faith», *Apostolic History and the Gospel*, editores W. Ward Gasque y Ralph P. Martin, Eerdmans, Grand Rapids, 1970, p. 177.

3. *Encyclopaedia Britannica*, bajo la palabra «Pablo, San».

4. *Ibíd.*

5. Kenneth Scott Latourette, *Historia del Cristianismo* (dos tomos), Casa Bautista de Publicaciones, El Paso, TX, 1960, 1966, p. 76 (del original en inglés).

6. W.J. Sparrow-Simpson, *The Resurrection and the Christian Faith*, Zondervan Publishing House, Grand Rapids, 1968, pp. 185-86.

7. Dupont, «The Conversion of Paul, and Its Influence on His Understanding of Salvation by Faith», p. 76.

8. Philip Schaff, *History of the Christian Church*, Eerdmans, Grand Rapids, MI, 1962, p. 1:296.

9. *Encyclopaedia Britannica*, bajo la palabra «Pablo, San».

10. Archibald McBride, citado en *Chambers's Encyclopedia*, Pergamon Press, Londres, 1966, p. 10: 516.

11. Clemente, citado en Philip Schaff, *History of the Apostolic Church*, Charles Scribner, Nueva York, 1857, p. 340.

12. George Lyttleton, *The Conversion of St. Paul*, American Tract Society, Nueva York, 1929, p. 467.

Capítulo 9: ¿Se puede doblegar a un hombre bueno?

1. Alexander Metherell, citado en Lee Strobel, *El Caso de Cristo*, Editorial Vida, Miami, FL, 2000, p. 226.

2. George Currie, *The Military Discipline of the Romans from the Founding of the City to the Close of the Republic*, un resumen de una tesis publicada bajo los auspicios de la *Graduate Council of Indiana University*, 1928, pp. 41-43.

3. A.T. Robertson, *Word Pictures in the New Testament*, R.R. Smith, Nueva York, 1931, p. 239.

4. Arthur Michael Ramsey, *God, Christ and the World*, SCM Press, Londres, 1969, pp. 78-80.

NOTAS

5. James Hastings, editor, *Dictionary of the Apostolic Church*, C. Scribner's Sons, Nueva York, 1916, p. 2:340.

6. Paul Althaus, citado en Wolfhart Pannenberg, *Jesus— God and Man*, traducción al inglés de Lewis L. Wilkins y Duane A. Priebe, Westminster Press, Filadelfia, 1968, p. 100.

7. Paul L. Maier, «The Empty Tomb as History», *Christianity Today*, 28 de marzo de 1975, p. 5.

8. Josh McDowell, *Evidencia que exige un veredicto*, Editorial Vida, Deerfield, FL, 1982, p. 244.

9. David Friederick Strauss, *The Life of Jesus for the People*, Williams and Norgate, Londres, 1879, p. 1:412.

10. J.N.D. Anderson, *Christianity: The Witness of History*, Tyndale Press, Londres, 1969, p. 92.

11. John Warwick Montgomery, *History and Christianity*, InterVarsity, Downers Grove, IL, 1972, p. 78.

12. Thomas Arnold, *Christian Life—Its Hopes, Its Fears, and Its Close*, T. Fellowes, Londres, 1859, p. 324.

13. Brooke Foss Westcott, citado en Paul E. Little, *Know Why You Believe*, Scripture Press, Wheaton, IL, 1967, p. 70.

14. William Lane Craig, *Jesus: The Search Continues*, la trascripción de este vídeo se puede leer al buscarla por «Jesus: The Search Continues» en el *Ankerberg Theological Research Institute*, sitio Web: www.johnankerberg.org.

15. Simon Greenleaf, *An Examination of the Testimony of the Four Evangelists by the Rules of Evidence Administered in the Courts of Justice*, Baker, Grand Rapids, 1965, p. 29.

16. Sir Lionel Luckhoo, citado en Lee Strobel, *El Caso de Cristo*, Editorial Vida, Miami, FL, 2000, p. 296.

17. Frank Morison, *¿Quién movió la piedra?*, Editorial Caribe, Miami, FL, 1977.

18. George Eldon Ladd, *I Believe in the Resurrection of Jesús*, Eerdmans, Grand Rapids, 1975, p. 141.

19. Gary Habermas y Anthony Flew, *Did Jesus Rise from the Dead? The Resurrection Debate*, Harper & Row, San Francisco, 1987, p. xiv.

20. Lord Darling, citado en Michael Green, *Man Alive!*, InterVarsity, Downers Grove, IL, 1968, p. 54.

Capítulo 10: ¿Se podría poner de pie el verdadero Mesías?

1. Para un estudio más completo sobre la profecía de Daniel 9, véase Josh McDowell, *Nueva evidencia que demanda un veredicto*, Mundo Hispano/Casa Bautista de Publicaciones, El Paso, TX, 2005, pp. 197-201 (del original en inglés).

2. Mateo atribuye el pasaje que cita en 27:9-10 al profeta Jeremías, pero el pasaje en realidad aparece en Zacarías 11:11-13. La aparente discrepancia se resuelve cuando comprendemos la organización del canon hebreo. Las Escrituras Hebreas estaban divididas en tres secciones: ley, escritos y profetas. Jeremías ocupaba el primer lugar en su orden de libros proféticos y, por lo tanto, los eruditos hebreos a menudo encontraban una vía rápida aceptable para referirse a toda la colección de escritos proféticos por el nombre del primer libro: Jeremías.

3. H. Harold Hartzler, del prólogo a Peter W. Stoner, *Science Speaks*, Moody, Chicago, 1963.

4. Stoner, *Science Speaks*, p. 107.

5. *Ibíd.*

NOTAS

Capítulo 12: Él cambió mi vida

1. Edwin Yamauchi, citado en Lee Strobel, *El Caso de Cristo*, Editorial Vida, Miami, FL, 2000, p. 105.
2. Bruce Metzger, citado en Lee Strobel, *El Caso de Cristo*, Editorial Vida, Miami, FL, 2000, p. 82.

Apéndice

1. Tomado del folleto *¿Ha oído usted las cuatro leyes espirituales?*, Cruzada Estudiantil y Profesional para Cristo, 1971. Usado con permiso.

Acerca del Autor

Josh McDowell recibió una maestría en teología del Seminario Teológico Talbot en California. En 1964, se unió al personal de Cruzada Estudiantil y Profesional para Cristo y al final se convirtió en representante internacional itinerante de esta organización, enfocándose sobre todo en los asuntos que enfrenta la juventud de hoy.

Josh les ha hablado a más de diez millones de jóvenes en ochenta y cuatro países, incluyendo más de setecientos campus universitarios. Es el autor o coautor de más de setenta libros y manuales que superan los treinta y cinco millones de ejemplares impresos en todo el mundo. Las obras de mayor popularidad de Josh son *Convicciones más que creencias, La nueva evidencia que demanda un veredicto, Manual para consejeros de jóvenes y Es bueno o es malo*.

Josh lleva casado con Dottie más de treinta años y tienen cuatro hijos. Josh y Dottie viven en Dallas, Texas.